懂心理，才不会活得用力过猛

懂心理的女人才幸福

苏曼——著

天津出版传媒集团

天津人民出版社

图书在版编目（CIP）数据

懂心理的女人才幸福 / 苏曼著. -- 天津 : 天津人民出版社, 2018.8
ISBN 978-7-201-13782-7

Ⅰ. ①懂… Ⅱ. ①苏… Ⅲ. ①女性心理学－通俗读物 Ⅳ. ①B844.5-49

中国版本图书馆 CIP 数据核字（2018）第 135245 号

懂心理的女人才幸福
DONG XINLI DE NÜREN CAI XINGFU
苏 曼 著

出　　版　天津人民出版社
出 版 人　黄　沛
地　　址　天津市和平区西康路 35 号康岳大厦
邮政编码　300051
邮购电话　（022）23332469
网　　址　http://www.tjrmcbs.com
电子邮箱　tjrmcbs@126.com

责任编辑　王昊静
策划编辑　高　润
装帧设计　润和佳艺

印　　刷　大厂回族自治县彩虹印刷有限公司
经　　销　新华书店
开　　本　880×1230 毫米　1/32
印　　张　7.5
字　　数　140 千字
版次印次　2018 年 8 月第 1 版　2018 年 8 月第 1 次印刷
定　　价　42.00 元

女人懂些心理行为分析，幸福不再扑朔迷离

对于一个女人来说，幸福是什么？有人会说，幸福是稳定的工作、和睦的家庭、体贴的丈夫、可爱的孩子。也有人会说，幸福是车子、票子和房子。这么说当然也对，但是从本质上讲，幸福的内核就是女人拥有掌控自己生活的能力，而这种能力恰是一种心理学能量。

美国著名心理学家塞利格曼提出了幸福公式——总幸福指数=先天的遗传素质+后天的环境+你能主动控制的心理力量。“控制自己的心理力量”是其中最核心的一个部分。

由此可见，心理学在我们生活中的重要性。诚然，每个人的行为都受到心理的支配。不同的心理会促使人们采取不同的行动，即使在相同的情况下，心理不同，采取的行为也会迥异。在这个充满神秘感的心理世界中，如果我们能分析出别人的行为与心理产生的原因，就能更好地与人相处，幸福感就会提升很多。

因此，从某种意义上说，女人生活中所有的烦恼都源于女人对心理问题过于生疏，如果能从自身的心灵出发看心理学，那么所面临的一切纷扰都会迎刃而解。

本书从女性的日常生活入手，内容涉及恋爱、审美、交友、职场、婚姻等各方面，结合浅显易懂的微观心理学知识和形象生动的案例，内容丰富，贴近生活，实用性强，是一本不可多得的女人社交处世、婚恋沟通、构筑幸福人生的智慧宝典。

培根说："人人都可以成为幸福的构筑师。"亲爱的女性朋友，相信打开本书的你一定会收获稳稳的幸福。

目录

CONTENTS

第一章 外在形象藏心声：解读会说话的身体秘密

第二章 会看情绪“晴雨表”，多一分善解人意

第三章 留心行为细节，透过肢体语言读懂对方“小心思”

第四章 了解饮食有关的潜意识，看人准到骨头里

第一章

外在形象藏心声：解读会说话的身体秘密

与人交往的第一回合：打个照面之后，对方的外在形象就向我们递上了第一张名片。对方看似平淡无奇的外在形象中藏着很多细节，已经昭示了诸多心理，你解读到了吗？

对方的着装暴露了他的内在

幸福心理箴言——→郭沫若

衣服是文化的表征，衣服是思想的形象。

曾经有一位姑娘，在一场大病中整日与睡衣和拖鞋为伴，父母看得忧心忡忡，要带她去买几件新衣服，她漠然拒绝。那时她内心的生命之火，正在一点点向风雨飘摇的深处暗去。

后来，当她读到《上海的金枝玉叶》与《上海的生死劫》时，有感于书中的女性无论境遇顺逆都始终优雅从容，她们身上透出的坚强与达观促使姑娘决心走出病魔笼罩的黯淡时光。她买了一条小黑裙，涂了腮红与口红，心情竟然渐渐明朗起来，开始走到温暖的阳光下，而后身体康复如初。

衣着打扮的魔力对于心理的映射与影响，从来不容小觑。而我们在日常生活中如果多加留意便会发现，一个人的内心是藏不住的，至少他的着装打扮就已经向我们透露一二了。

喜欢身着与自身身份、地位不相称的名牌出入各种场合的人，他们一身大牌背后往往藏着一颗爱慕虚荣的心，而内心深处充满了不自信，时刻等待着别人的认可。当然不排除有些人确实注重品牌背后的品质与文化内涵，至于如何区分那就要看对方炫耀的程度了。这类人的内心通常处于孤独与不安之中，而且生怕被人戳穿那份隐藏得很深的自卑感。所以与他们在一起，我们要尽量照顾好他们的感受。

喜欢穿奇装异服的人，无非是想通过吸引人的目光来掩饰内心深处的不自信，从而得到一种补偿。与此同时，他们的防卫意识很强，我们很难轻易进入他们的内心。当然，我们除了需要给他们以赞赏和认同之外，还要帮助他们摆脱不安的戒备心理。

有些人喜欢华衣丽服，有的人喜欢朴素衣装。前者有颗不安的心，而且还可能过于敏感，一点儿风吹草动都会引发他们剧烈的反应，这样的人需要我们给予其安全感。而后者勤奋踏实，富于理性，不过缺少上进心，具有一定的依赖心理，而且容易表现得刻板、拘泥，不知变通。

衣着雅致的人算是两性关系中的理想型，这类人善良朴实，人际关系融洽，富有包容精神，谦虚务实，同时有自己独立的思想。他们往往有着敏锐的洞察力，能准确抓住问题的要害，找到解决问题的方法。相信我们和他们在一起，也会受益良多。

当然也有人喜欢走传统服饰路线，这样的人一般比较固执，多将自我置于第一位。这会使得他们不善融入交际场合，很难做到左右逢源。但是一旦与某人成为朋友，那么这段友谊将会坚如磐石。

有一部分人似乎偏爱正装，这些人一般为了生活而不停地奔波忙碌，虽然拥有较高的职位，但是为了配得上已经得到的一切，他们依然不敢松懈，多属于精英阶层。其中喜欢在正装里配白衬衫的人，常将工作排在生活的首位，他们的人生字典里只有现实主义，与人交往时缺乏主动性。对于这类人，我们要尽量围绕着工作与之展开对话，毕竟这才是他们的兴趣点所在。

此外，还有一类人喜欢自然宽松的衣服，这种人一般比较内向，且以自我为中心，让别人看起来感觉是“孤独、寂寞、高冷”的那一类。虽然朋友不多，却宁缺毋滥，因此多是知己，且倾心相待。他们不喜欢出现在人群中，故而我们很难在集体活动中见到他们的身影。与他们交往虽然不易，但如果被他们视为朋友，不能不说是我们的幸运。

领带的类型告诉你男人的品行

幸福心理箴言——→陈天桥

一条领带虽小，但要是不合适，可能就要跟着换衬衫、换皮鞋。我不想为了一条领带把一身衣服都换掉。

男人的领带可谓是一道独特的风景，倘若懂一点儿心理学，有时我们只需扫一眼他的领带，就会对这个人了解得八九不离十。毕竟每个男人喜欢佩戴的领带材质、花色等都不尽相同，而这些都会在无声中透露一个男人的心理、性格与品行。

首先，就材质来说，不同面料给人的感觉不同。丝绒材质光亮夺目，而且手感比较柔软温和，佩戴它的人此刻的心情也应该是愉快明朗的。而毛料领带轻柔的质地与柔和的手感与寒冷的冬天是绝配，但是夏天佩戴就显得不合时宜了。如果一个男人打的领带没有考虑到季节，有可能他更注重内在，也有可能他本来就很粗心。皮质的领带虽然很酷，可是多少会让人觉得有些异样，如果有人真的打了皮质领带，那么说明他喜欢耍酷，不太在乎他人的感受。

说到这里，我们要讨论一下领带和季节的关系。春夏季节打暖色调的领带会让人觉得燥热，这样的男人热情开朗，但是也不善变通。如果春夏季节里喜欢佩戴丝绸领带，看起来清清爽爽，这样的男人往往是与时俱进的类型。相反的，秋冬季节打丝绸领带，是一个人拘泥保守的表现。至于那些一年四季系同一种领带的人，则多俭朴务实，不喜浮华，喜欢稳定平静的生活。

其次，领带的款式也有讲究。喜欢宽领带的人，一般成熟稳重，遇事宠辱不惊，沉着冷静，善于思考，是堪当大任的人选；而喜欢窄领带的人，则更为阳光开朗，比较活泼俏皮，死板的工作和生活方式都会让他们倍感痛苦，这样的人喜欢创新，善于享受生活；箭头型领带虽然很百搭但很传统，反映这个人骨子里比较保守，不喜标新立异；而平头型领带则更具时尚气息，意味着这个人生活中充满时尚和浪漫的情调，永不落伍，是个十足的乐天派。

再次，领带的花色图案也可以反映一个人的内心。喜欢斜纹领带的男人一般遇事勇敢果决，与人交往也多洋溢着积极乐观的精神；对方格领带情有独钟的男人，则充满热情，会令人感到自己备受关注和欢迎；而系碎花领带的男人，则比较温柔体贴，他们的关心会令人感到格外温暖；领带上是垂直图案的男人，一般安于清寂、平静的生活，讨厌被外界打扰；喜欢横线条领带的男人，则一般性情平稳，不会流于浮躁，很多事情心中有数，做事值得信任；至于喜欢系波浪形条纹领带的人，一般富于活力，与他们交往会感到生活充满激情。

最后，通过观察领带的系法同样可以看出一个人的心态。

领带结打得小而紧的男人，一般是有意通过这种方式来让自己瘦小的身材显得伟岸一点儿，面对这样的人，我们要避免揭开他们的伤疤。但是如果反过来，身材魁梧的人把领带系得又小又紧，就表明他们气量狭小，受不得别人对他们有一丝轻慢，那我们就要对他们敬而远之了。如果必须交往，尽量以他们为中心，就能避免出现大的纰漏。使用这种领带系法的人多谨小慎微，孤僻多疑，对金钱和物质的欲望很强烈，不会有很多朋友。

而领带结打得适中的人多数显得神采奕奕，这样的人工作勤奋上进，有可能是工作狂。因此，我们需要适当地提醒他们在事业与生活之间找到平衡点。他们与人交往时热情细心，踏实安分，有很好的耐性，待人接物也会礼数周全。

而领带结打得大而松的人多数很有自信，富有朝气，但是会让人觉得不修边幅，做事马虎，而且他们有时情绪上来会鲁莽冲动。

还有一些人不系领带，他们往往胸怀宽广，不会与人斤斤计较，也有可能他们身手不凡、藏而不露，所以是否系领带对他们没有什么影响。又或者家中有贤内助，生活美满幸福。这样的人性情平易随和，富有同情心，因此，身边朋友如云也就不足为奇了。

为何看人要看“表”

幸福心理箴言——→佚名

名表只是一个概念，你不可能永远拥有一块名表，你只是替你的后代保存它。

如今在生活中，手表作为计时仪器的功能似乎在悄然弱化，在这个随手掏出手机就可以知道精确时间的时代，手表退场的那一天似乎在渐渐接近。如今，手表更多的是一种身份的象征，也无怪乎人们戴上名表时有种志得意满的神情。其实有一些人频频低头看表，大有一种“醉翁之意不在酒”的意味，不是所有人都将紧张的焦点落在时间上，有些人无非是想吸引众人的目光，然后在一片惊羡声中陶醉在满足的微醺里。一个人佩戴何种手表，不仅能够彰显他的品位与追求，还能够反映他对待时间的态度，让我们进一步探究他的心理。

如今有一种新型的电子表，想看时间的时候按一下按钮，表面就会出现红色的数字，而平时表面则是一片漆黑。佩戴这种电子表的人往往异于周围人，独立的性格使他们厌恶被束缚，渴望自由，行事待人更多地听从自己内心的意愿。由于不轻易让他人走进自己的内心世界，并且平时也善于掩饰自己的感情，他们呈现给人的往往是一种神秘莫测的感觉。而他们自己也非常享受这种被别人琢磨不透的感觉。在同他们交往的过程中，我们需要尊重他们的个体意识，同时也不要轻易触及他们的隐私。

佩戴闹钟型手表的人多半对自己有严格的要求，他们习惯将弦绷得很紧，不肯有丝毫的放松。我们不能将他们定义为传统或是保守的人，因为照章办事是他们恪守的原则，周密严谨的计划恰是他们获得成功的关键。强烈的责任心会促使他们有意培养自己的一些能力，如领导力和组织能力。与这类人交往时，我们要注意不要触碰他们的底线。

有些人喜欢佩戴液晶显示型手表，他们擅长精打细算，生活多半节俭。而且生性单纯，不喜欢拐弯抹角的复杂，简单直接是最受他们欢迎的风格。在为人处世的过程中，随便应付不是他们做事的风范，认真才是他们一贯的态度。因此，与他们交往时最好能开门见山，单刀直入。就算我们平时比较随性，这时也要收敛一点儿，不然我们给他们的印象就会大打折扣。

有些人的手表上索性省略了数字，只有表盘和表针，这种人善于抽象思维，不喜欢别人将什么事情都说得简单直白，益智游戏是他们生活中不可或缺的调剂品。和他们交往，简单粗暴的表达会让他们兴味索然，最好的做法是，和他们探讨一些理念上的事物或者玩思维游戏，这能更好地与其联络感情。

有些人的手表上汇集了几个时区，看起来很有一种高大上的感觉。这类人总会给人以不太现实的感觉，虽然他们不乏聪明才智，但喜欢活在自己想象的世界里，不愿脚踏实地地去付诸实践。而且在做事的时候也多心猿意马，喜欢逃避责任。与这类人相处，我们需要将他们的思绪从幻想中拉回现实，帮助他们更接近人间烟火的气息。

上发条的手表可能已经被许多人视为过时，但是在有些人的心目中它们依然有着不可替代的位置。这种人的内心有着极强的独立意识，而且几乎是事必躬亲。在工作中他们喜欢效果立竿见影，因为需要从成果中获得成就感，从而体现自己的意义和价值。因此，他们不喜欢轻而易举的成功，也不愿他人给予过多的关照和宠爱。和他们在一起时，我们需要对这种心理给予尊重，否则他们就会觉得自己的能力受到了轻视。

有些人对以上这些类型的手表直接无视，他们佩戴的是由设计师为自己量身定制的手表。这类人往往极为在意自己的形象与地位，必要的时候甚至会因为他人的眼光而改变自己，平时也会为了吸引别人的注意而表现得很夸张，时不时地在他人面前表现和证明自己。和他们交往时，我们要让对方感受到被我们关注的满足感。

有些人选择了比较复古的计时器——怀表。这类人一般可以很好地控制时间，即便在忙碌的日子里也会抽出时间来让自己得到休息和放松，这种人一般具有良好的心态，待人接物极有耐心。同时他们有着怀旧的心理，喜欢收藏一些年代悠久的小物件。优雅的言谈举止透露出他们良好的文化修养，而且不乏一些浪漫主义的情调。对于人与人之间的友情，他们的珍视程度恰如贴心的怀表。与他们在一起时，我们要避免表现得木讷呆板，虽然对方因为修养不会责怪我们，但是对促进双方的交流总是没有坏处的。

有些人则是手腕上空空如也，干脆就不戴手表。这类人极为独立自主，因而被他人支配的可能性很小，他们忠实地听从自己内心的召唤，跟随内心最真实的声音。他们反应机敏，善于随机应变，而且乐于结交新朋友。因此，与他们交往是一件轻松愉快的事情，但是我们千万不要试图用自己的想法去影响他们做出改变，这样有可能影响本来已经建立起的友情。

从包包了解对方微妙心理

幸福心理箴言 ——→ 佚名

虽然再昂贵的包也只是装东西用，但是不同类型、款式和质地的包代表女人不同的性格类型。

对于很多女性来说，购买包包是一笔巨大的消费，男性虽然并没有像女性这样的狂热，但是也并不意味着他们在这件事上就持轻率的态度。毕竟通过包包可以反映出一个人的身份、地位、品位等，因而很多人都不会对此等闲视之。包包的品牌、材质、真假都可能会使他们有种别样的敏感。曾经有位姑娘因为恋人送了她一个假的名牌包包而格外伤心，两人的感情从此跌入低谷。

包包就像一张隐形的名片，能够反映一个人的心理，社交时我们需要读懂它。

有些人似乎更为青睐休闲式的包包，而不喜欢一本正经的款式。这类人对待生活的态度随意而不刻板，更不会苛刻地要求自己。但这并不影响他们积极乐观的心态和进取心，在学习、工作、生活之间，他们懂得恰到好处地转换，于轻松的环境中完成自己的任务，并且取得成就，这无疑是一种理想的状态。当然，这也跟他们的工作富于弹性，为他们提供了自由的空间有关，然而他们的性格也促使他们比其他人更加懂得享受生活。

有些人总是习惯夹一个公文包，这往往标志着他们的职业身份很有可能是企事业单位的总经理或者职员。这类人往往小心谨慎，对自己要求严格，对他人较为严厉。与他们交往时，当然也需要我们自律一些，不要用一些过分的要求去试探对方的底线。

方形的手提包尽管看起来较小，使用有所不便，但是深受一部分人的青睐。这类人多半不曾有过人生的坎坷，内心相对脆弱，一旦遇到人生的狂风骤雨便会不胜惶恐，以畏缩和妥协的姿态来换得一时的安宁。

有时候，我们也会看到有人背着肩带式的手提包。这种人的内心既有着传统保守的一面，也不缺少独立意识，虽然他们有属于自己的空间，但是交际圈相对狭窄。因此，我们不要被他们独立的外表所迷惑。

还有一类人对于做工精致、外形小巧的包包情有独钟。这样的包虽然精美玲珑，但携带物品实在有限。喜欢这种包包的人，多半是涉世未深、天真单纯的少女。但如果喜欢这类包的人已经过了这个年龄，那么这个人对生活一定是抱有积极乐观的心态，对未来充满了美好的憧憬。

在大街上偶尔也可见有人背着民族风的包。包如其人，这样的人一般具有强烈的自主意识，个性鲜明，在衣着打扮和思维方式上都显得卓尔不群，但是有时这也会导致他们在人际关系上并不融洽。与他们相处时，我们一定要学会接受他们与我们的不同，这样会使双方都很轻松愉快。

与喜欢精巧小包的人不同，有些人习惯于超大型的包包。这样的人更喜欢“放荡不羁爱自由”的生活，在人际关系上，他们很容易与别人建立深厚的友谊，但同时也是彩云易散。因为他们的性格中有着散漫的基因，这使得他们的责任感相对淡薄。因此，要想和他们交往，就要避免用自己的想法去约束他们，在他们这里太认真就输了，其实与他们“云淡风轻”地相处也并不是一件坏事。

有些人则可能更加倾心于金属的质感，比较喜欢充满金属质感的包包。他们的性格中有着敏感的成分，对于时代的气息有着灵敏的嗅觉，会紧跟当下时代大潮的步伐，对于新事物有着良好的接受能力。不过这类人一般付出较少，更希望他人付出得多一些。所以与他们交往时，我们需要用付出换来交情，但是也要谨防他们习惯成自然，对我们产生依赖，令自己疲惫不堪。

有人则是每天背着中性色系的包包，结果自然也很少引人注意。这正是他们内心所希望的效果：越低调越好，不想引来那么多人的注意，毕竟那样压力太大。这种人一般遇事多是老好人，对人对事常持以懒散的态度，很难见到他们性情激烈的样子。因此，对待他人他们更多的是保持中立，而不会选择站队。与他们交往，只需以平常心即可，否则对方会不堪重负。

至于有些喜欢携带男性化包包的女性，多半可以推断是女强人，一般比较精明干练，内心坚强，但有些人会偏向剽悍，总体来说多属于外向性格。与她们来往时，拖泥带水、优柔寡断是会引起反感的，因此，我们大可简洁明了，开门见山。

最后，还有一类人不喜欢带包包，他们觉得带包太麻烦。因此，我们很容易看出包包在他们眼中是一种负担，由此可以推断出这种人的责任意识并不是很强，不喜欢对人对事负责。

你能否参透眼镜下的内心玄机

幸福心理箴言——几米

戴眼镜的人，通常有一种固定的特殊表情。他们厌烦一定要透过镜片，看这个厌烦的世界。

佩戴眼镜，如今已远超过弥补视力缺憾、保护眼睛的功用，更多具有装饰的意味，它可以折射出一个人的品位，也可将一个人的气质衬托得恰到好处。更重要的是，它也有着某种心理学上的功用。

曾经有这样一个小男孩，父母给他买了一副墨镜，戴上之后小男孩一反以前自卑的心态，在伙伴们面前的自信简直与以往判若两人。然而就在一次打架中，他的墨镜被摔碎了，于是他又变成了以前的自己，畏缩胆怯，并对周围人充满怨恨。

这是眼镜在人心理上起的作用。应该说现在许多人戴眼镜并不完全是为了改善视力，而是因为戴上眼镜之后会在心理上形成一种自我保护的机制。因此，我们往往需要敏锐的观察力才能触及对方隐藏在眼镜后面的内心世界。

考虑到眼镜的种类繁多，我们在这里挑几种有代表性的来进行分析吧。

熠熠生辉的金属眼镜总能够给人一种此人学富五车的感觉，这正是佩戴这类眼镜的人希望产生的效果。毕竟在人们眼中，学识渊博的人骨子里散发出的文化气质会令人肃然起敬，更容易受人尊重。这样的人即便自己知识功底不深，也同样有被人当作知识分子的渴望。

遇到这类人，我们首先要称赞对方身上的文化气质，接下来通过仔细倾听对方的谈吐来判断其内涵的深浅，以此来决定自己下一步沟通的内容。在之后的交流中需要把握话题的广度与深度，确保双方都可以游刃有余，而且双方都有自己的收获，这样可以避免聊得不欢而散。

也有不少人喜欢低调内敛的板材眼镜，从根本上说，喜欢佩戴这种眼镜的人往往在文化或技术领域从事并不张扬的工作。他们低调腼腆，不喜欢卖弄自身的才华和能力，相对比较务实。他们似乎坚信言多必失，把所有精力都倾注在工作上，对周围的人情往来并不感冒，也因此常与晋升的机会擦肩而过。他们恪守自己的本分，做事必求问心无愧，所以对待每一件事都会格外专注，在内心默默守护自己的一份坚持。

和这类人相处时，聪明的女人一般不会和他们拐弯抹角，而是直奔主题，探讨一些与其专业相关的话题，保持向对方请教的姿态，这样可以避免触及对方不愿提及的一些私密话题。如此一段时间之后，双方的隔阂自然会消除，进而还可能会成为挚友。

喜欢佩戴炫彩眼镜的人多半个性张扬，有着强烈的自我意识。他们我行我素，“逆反”这个词用在他们身上可谓恰到好处。他们执着于自己的观点，从事的工作也往往具有鲜明的个性特色，多在设计、造型、广告、时尚等行业有所建树。他们更在乎自己的直觉，以至于“自以为是”是他们的常态。

当然，对于这样的人，聪明的女人不会轻易流露出反对的态度，更不用说将自己的意见强加给他们了。明智的办法是引导他们去选择，进而做出自己的决定。虽然他们可能会在工作中极为挑剔，但是通过反复请示，最终依然能够让工作获得完满的结果。

当然，还有一个小细节我们需要注意，如果一个人在听我们讲话时摘下眼镜来反复擦拭，那么这是一种心里没底的表现。人在焦虑紧张的时候，通常会感到面部刺痒，不自觉地会摘下眼镜。而做出决定之前肯定要“擦亮双眼”，而擦拭眼镜有着同样的意味。这时我们不妨停下来给对方思考的时间或者给出一点儿建议。

此外，一个人托眼镜的动作也会无意中泄露秘密。喜欢从鼻梁处托眼镜的人一般性格内敛细腻，在群体中多扮演倾听者的角色，与他们交往需要我们主动一些；若是两根食指抵住镜片来托眼镜，这类人则多半虚心好学，但是可能会缺少自己的见解；而用手扶眼镜框的人大多比较自信，而且是某个领域内的行家，善于把握全局；扶眼镜腿的人一般有自己独到的想法，而且做事之前考虑周到，计划缜密。

换发型也是一种内心的语言

幸福心理箴言——→契诃夫

头发乃是人们头部最好的装饰品。

我们可能都有这样的感受或判断：倘若一个女孩突然将自己乌黑的长发剪掉，很多时候其实是她在情绪上遭受打击的暗号，比如失恋，或者压力过大。

有一位姑娘漂泊无依，万念俱灰，后来进入尼姑庵，忍痛剃落昔日引以为傲的一头青丝。当她昔日的恋人寻来时，她执意不见。后来庵门开了一条缝，四目相对的刹那，她下意识地用双手抱紧了自己的光头。

恋人在外面说：“你开门啊，好好的头发为什么要剃掉呢？”

她无语凝噎，狠心地将他赶走。青丝落尽的时候，恰是她心里最深的决绝。

由此可见，头发本身有着丰富的内涵，甚至发型的改变是人心理波动的一个符号。因此，心理学认为，发型的改变已成为人们心理活动的一个风向标。

就像许多人说的那样，发质可以看出一个人的性格。比如头发黑直粗密的人，一般豪爽直率，性情急躁，喜欢控制别人，但有些又有很强的依赖性。面对这样的人，我们不要逆着他们的意思来就是了。而头发细黄稀疏的人，多半比较温顺耐心，做事利落，独立意识与责任心较强。他们不喜欢掌控别人，但也缺乏主见。因此，和他们在一起时，我们要做好感到无聊的准备，因为他们更多是听别人的意见。

有些人头发带有自来卷会让我们觉得很可爱，但这表象背后透露出的信息，可能是他们在家里的“暴君”作风。这样的人一般性情急躁，独断专行，会让周围人感到不快，最好还是和他们保持适当的距离。

同时，头发卷曲的人，口才极好，善于说服别人。但如果是向内卷曲，则一般比较多疑、暴躁。如果对方是男性，那么我们需要多一些耐心，帮他们打消顾虑。发梢软而平直的人，则意味着爱自由，有很强的自我意识。如果对方是男性，我们需要让他们意识到承担责任的必要性。

从头发的颜色来说，喜欢染成五颜六色的人一般内心充满朝气，喜欢染金发的人比较幽默，喜欢染红发的人富有表现欲。这几类都是激情洋溢的类型。而东方人独具特色的黑发或褐发，更多地给人以信任感，这些人温顺纯真，但是也会过于循规蹈矩。因而，和他们相处时，我们要懂得一些活跃气氛的秘诀，避免冷场。

喜欢将头发烫成波浪形状的人，一般适应能力都不差，知道自己想要什么，能够达到自己的人生目标。而把头发前面梳得很高的人，则多半固执保守，我们需要让对方放开手脚去做事。另外，发型奇怪的人，往往比较直爽、有魄力，有很强的表现欲望，但有主见的他们有时会显得孩子气，可能需要我们稍稍打压一下他们的“气焰”。

心理小测试

通过帽子的选择，看出你给人的第一印象

外在形象就是一个人无形的名片，能够告诉人们一个人的很多信息。同样的，一个人对配饰，如帽子的选择，能够看出这个人的心性。

在人际交往中，你会给人留下怎样的第一印象呢？下面这个小测试可以帮你了解这项内容。

心理测试内容

当你身处一艘游轮上，冷冷的海风迎面吹来，刺眼的阳光直射在你的脸上，这时候你特别需要一顶能够有效保护你的帽子。现在有下面四顶帽子可供选择，从你的审美角度来看，你会选择哪一顶帽子来戴呢？

A. 鸭舌帽

B. 礼帽

C. 草帽

D. 棒球帽

心理及性格解析

选项A：在工作上，你有不错的适应能力，能够很快地掌握新技能，也会尽己所能地努力做好本职工作；在生活上，你也比较精明能干，很少会被困难吓倒；在社交场合，你也会积极主动地去待人做事，给人留下聪颖勤恳的形象。总的来说，你的聪明与积极性能够让你获得更多成功的机会，未来形势一片大好。

选项B：你是一个社交有度、落落大方的人；你温文尔雅、不吵不闹，能够给人留下彬彬有礼的好印象。无论什么场合，你都能很好地转变自己，既不会喧宾夺主，也不会冷落他人。你的礼貌很为你加分，令人对你好感倍增，在某种程度上，它还会给你带来好运。总的来说，无论生活还是事业，你总能遇到贵人，获得别人的帮助。

选项C：你诚恳踏实，不喜欢被人过多地关注，只会低调地生活和工作，喜欢过平淡的生活。你默默地努力、辛勤地耕耘，是为了过着安分守己的踏实生活。

选项D：你精力旺盛，喜欢按照自己的喜好去追求兴趣上的发展；你既能给人留下阳光般的感觉，也能用自己的乐观与豁达，结识志趣相投的朋友。你的魅力无穷，总能很好地赢得身边人的关注，让大家不自觉地愿意与你交往，因为与你相处是一件开心的事情，所以你一般朋友众多。

第二章

会看情绪“晴雨表”，多一分善解人意

都说女人一定要学会察言观色，这话不无道理。人的情绪虽然是瞬息万变、难以捉摸的，但是假如我们学会从对方的脸上去寻找“蛛丝马迹”，慢慢地，我们就会成为情绪界的神探柯南。

愁眉苦脸是有心理学依据的

幸福心理箴言——→培根

当命运微笑时，我也笑着在想，她很快又要蹙眉了。

宋代女词人李清照的那首《一剪梅》的最后叹息道："花自飘零水自流，一种相思，两处闲愁。此情无计可消除，才下眉头，却上心头。"这里的"才下眉头"其实就在表达自己的哀愁。《红楼梦》里被贾宝玉称为"颦儿"的林黛玉，她微微蹙起的眉尖也反映其性情中的多愁善感。

当然，"愁眉苦脸"这种微表情很容易被我们觉察到，而对方心理的痛苦却不仅用这一种形式来表达。尽管有些人会尽力掩饰，不想让人觉得自己很脆弱，实际上内心的情绪还是会不自觉地通过其他方式表露出来。

女人对别人的忧愁往往有着敏锐的洞察力，这是我们得天独厚的一个优势。而在感知别人内心痛苦的同时，我们的体谅、宽容也会为自己赢得他人的好感与尊重。

那么，我们如何通过他人的肢体语言去读出他们内心的痛苦呢？

痛苦最明显的是通过表情和动作外显出来。如果是身体上的痛苦，一般会嘴里咝咝吸气，鼻孔张大，瞳孔缩小，有的人会喘息剧烈，甚至发出呻吟。还有的人在巨大打击下会全身僵硬甚至抽搐，这些时候我们应该主动搀扶对方，或者送对方去医院。与之相比，虽然心理上的痛苦往往不轻易流露，但是也会有一些不同于平常的表征，比如垂头丧气、无精打采、和人交谈时会走神等，这个时候我们不要责怪他们，而要多一点儿耐心去包容。

我们也会见到痛苦的人强颜欢笑，他们即便受了委屈也会将其埋藏在心里，但是笑容里的勉强还是会露出破绽。此时，如果关系没有好到一定程度，我们不要急着劝慰他们，否则他们会因为被人看穿而十分沮丧恼火。

还有人很难调控内心的情绪，经常出现迁怒的情况。毕竟一个人不可能在任何时候都保持理智，此时如何对待周围的人就可以看出他的性格。有些人在心情郁闷的时候喜欢抓住一个人大吵一架或者训斥一顿，以消解心中的愤懑不平，这样的人一般本性比较自私，即便事后赔礼道歉，也已经造成了伤害。有的人则不喜欢影响他人，独自默默承受，这样的人可能比较理性，也可能生性懦弱，逆来顺受。如果我们身边的朋友莫名其妙地发脾气，说明他们可能有烦心事。如果两人关系很好，可以多多沟通或者拉他们出去释放一下。

也有一种人整天都沉浸在痛苦之中，希望别人来聆听他们的苦恼心声。可能我们倾听之后觉得其实都并非大事，但他们很希望借此引起他人的关注。这时候，我们往往只需要做一个耐心的聆听者，因为他们需要的不过是有人陪伴而已，并非同情或建议。

面无表情背后有哪些心理

幸福心理箴言——→卡耐基

要想使别人喜欢你，首先你得改变对人的态度，把精神放得轻松一点儿，表情自然，笑容可掬，这样别人就会对你产生喜爱的感觉了。

生活中我们会遇到一些人，和他们初次见面可能会觉得这类人人过于冷淡，比如我们主动打招呼时，对方可能爱搭不理；主动挑起话题时，对方也兴趣不高；替对方着想时，对方似乎也不领情。总之，他们总是以面无表情示人，给人一种高冷或冷漠的感觉，因此，不愿与他们交往。

实际上不要担心这一点，可能对方还没有和我们熟络，一旦熟了之后可能就会发现他们并没有看起来那么高冷。

曾有一对夫妻，两人都姓李，他们对门刚搬来的邻居也是一对夫妇。邻家先生与他们热情攀谈，而邻家太太却总是冷若冰霜。李姓妻子对邻家太太很不满，但碍于情面还是答应邻居之间一定互相帮助。

有一天，李姓妻子的猫丢了，正当她在小区里焦急地喊着猫的名字四下寻找的时候，忽然听见另外一个声音也在呼唤那只猫。原来是邻家太太见她焦急万分，也在帮忙寻找。

自从这件事以后，李姓妻子才明白，原来邻家太太不过是外冷内热罢了，之前是自己误会了她。

其实，面无表情也分好多种情况：有些人可能天性冷淡，不喜交际；有些人则可能是有意耍酷，给人一种高冷的印象；有些人则是因为脸型的问题，笑起来反而显得古怪；还有人实际上就是像上面故事里讲的外冷内热的类型，很多事他们虽不表态，但是都放在心里，一般情况下我们是不会觉察到的。

面无表情的人未必就是对我们有意见，也不是真的没有表情，只不过表情变化幅度很小，微乎其微，需要我们有一双明察秋毫的眼睛。他们可能会用眼神来表达一下内心微妙的情绪变化，不仔细看很难发现。

有些人整日一本正经的严肃表情，做事中规中矩，尤其不喜欢别人随意开玩笑。有他们在场时，一般气氛就会变得沉闷，让人们不敢言笑。因此，和他们相处时，我们要让自己正经起来。他们会细心聆听并思考我们说的每一句话，我们随便的一句话都可能被他们当真，所以在他们面前不要随意，更不要夸大其词。

有些人则是因为工作需要，不得不整日板着脸。比如押送运钞车的警卫员，他们是不可能在岗位上摆出一副笑容可掬的样子的。再比如从事科研工作的，他们的脸上时刻被认真的神情占据了，这样的人一般工作认真，做事有始有终。虽然他们的刻板会让我们感到兴味索然，但是我们可以去开发一下他们心里的阳光领地。

有的人可能生性比较孤僻，不喜欢与陌生人交往，与外界总有些格格不入。这样的人面无表情实际上是他们发射给外界的一个信号：拒绝交流。可能我们会发现无论如何示好，他们都会表现得毫无兴致。对于这样的情况，抱怨他们孤僻显然是于事无补的。但如果我们真的对他们感兴趣，那就不妨保持友好态度，主动出击，这样他们的“冷若冰霜”终究会被我们的关心所融化。

还有一种人，他们觉得一切都可以看淡。这种人似乎对什么都不在乎，不会为了什么事而大喜大悲，所以常年只是那一个表情。但是，这并不意味着他们已经看破红尘，他们只是比较在意自己内心的那方精神世界，而不与身外的世界发生纠葛。因此，与他们交往时，我们需要从他们的爱好入手，以此为切入点进行交流，或者跟他们一起去亲身体验，这是与他们拉近距离的好办法。

通过表情看对方好恶，做知趣的女人

幸福心理箴言 ——→ 孔子

质直而好义，察言而观色，虑以下人，在邦必达，在家必达。

有人说女人是天生的交际家，这其实和女人善于察言观色的本能不无关系。确实如此，女人很多时候非常在意自己给别人留下的印象，而且喜欢了解别人对自己的观点究竟是赞同还是反对，抑或是敷衍，这么做不但是为了和别人在相处时更加舒心顺畅，而且是为了塑造自己良好的形象。

如果对方的表情中流露出欣然的赞许，那么意味着彼此的话题可以继续进展；如果对方有一丝不易察觉的厌恶或者不耐烦，聪明的女人就要懂得知难而退，适时收手，以免接下来弄得不欢而散。

那么，如何从对方的表情或动作中察觉他们的态度是喜欢还是厌恶呢？大体有如下几种。

第一，当对方产生了好奇心理并试图和我们接近时往往会有一些表征，比如，他们会专注地看我们、伸过脖子来倾听、侧过头来听我们讲话、身子向我们这边微微倾斜等。这时候我们已经引起了对方的注意，接下来就要给对方留下一个好印象，让他们开始“喜欢”我们。

第二，当对方心情愉悦的时候往往会睁大眼睛，甚至会张开嘴巴，这表明他们对人或事产生了浓厚的兴趣。如果是微笑，多半属于礼貌性质，但发自内心的愉快笑容则如花在绽放，此时脸上的肌肉都处于舒展的状态，甚至对方可能还会手舞足蹈。这种时候我们不妨进一步展示自己，即便是缺点，此时对方也会欣然接受。但是要适时地结束话题，给对方留一点神秘感也是很有必要的。

第三，假如一个人心里有些不耐烦，他不会很明显地在脸上表露出来，依然还保持礼节性的微笑时，我们可以留意他的其他方面露出的端倪。比如，如果半天都不说话，有可能在走神；椅子前后摇摆，那是他心中不痛快；或者试图转移话题，说明我们的谈话已经令他丧失了兴趣。遇到这样的情况，我们应该要反省自己了：是不是在细节上出现了失误，导致人家不愿理睬我们呢？

第四，再严重一些的表情是厌恶，这种表情虽然很轻微但易于觉察。此时人的面部肌肉会以看不见的幅度收缩，于是细纹从鼻子蔓延到眼角，或者有时只是微微地扬起嘴角。如果看到这种表情，我们就要警惕自己的言行了，因为可能在某些地方已经引起了对方的反感。此时，我们要停止继续寻找话题，可以有礼貌地做个收尾，或者进行“冷处理”。等到对方对我们转变看法之后，那时再重新接触会更好。

同时，我们还要特别留意嘴部的动作。假如这个人的嘴唇微微上翘，那可能是对我们心存不满，但如果我们没有意识到并适时平息对方的这股怒气，那很明显会成为接下来和他交流的一道隔阂。不过这样的人一般很有大局意识，不会因此让事情陷入僵局。

也有一种情况，可能是对方对我们产生了怀疑，此时伴随着嘴唇上翘，眼神里也会流露出怀疑的目光。这样的人往往有着自己的思考，而多疑的性格又使他们很难信任他人，但是在工作中保持质疑的态度，也帮助他们避免了许多不必要的失误。当然，我们和他们交往，要有足够的耐心才能够走进他们的内心。

而假若对方是单边嘴角上扬后将眼睛斜向旁人，这个表情表明他们的傲慢。这种人多半自以为是，总让人有一种难以接近的高冷之感。对于这样比较专横的人，聪明的女人要保持平常心，可以适当，但是不要轻易开口求他们帮忙，否则他们会更傲慢。

有的人则是习惯性地将嘴角上挑，这种人在好恶上多抱有偏见，故而遇事易显得偏激。他们习惯一棒子打死所有人，属于喜欢剑走偏锋的类型。但是他们在专业方面往往有所成就，而且思维敏捷，富于奇思妙想。因而，和这种人相处时，聪明的女人一般不会对之进行打压，而会给予对方高度信任，在某些事情上可以引导对方自行做出改变。

你能解读出对方泪光里的心绪吗

幸福心理箴言 → 三毛

世上的欢乐幸福，总结起来只有几种，而千行的眼泪，却有千种不同的疼痛，那打不开的泪结，只有交给时间去解。

七情六欲，人皆有之，泪水同样不受性别的局限，只不过女人往往是泪飞顿作倾盆雨，而男人则是男儿有泪不轻弹。在这些泪光里，同样也蕴含着他们的万千心绪，而我们是否能透过眼泪将其条分缕析呢？

心理学认为，一颗泪珠里藏着对方真实的内心，而聪明的女人往往能读懂它，并且善解人意地选择最适宜的方式将话款款地说到人的心里去，温和委婉而不伤人。

不同的眼泪代表不同的心理密码，你是那个懂得解码的人吗？

第一，有些眼泪不代表哀愁，而是压力的外现。如今，竞争压力之大，生活节奏之快让我们唯恐追之不及，某些时候眼泪就成为缓解压力和焦虑情绪的通道。当泪水决堤而出的时候，人的紧张情绪会随之得到纾解，也可以重新找回内心的平衡。聪明的女人此刻不会阻止对方去哭，因为对方在哭过之后情绪会得到缓和，避免将坏情绪积压在心里，积久成疾。

第二，谁说眼泪一定代表懦弱，它也可以是勇气的代名词。含着忍在眼中的泪水，没有声息地哭泣，这样的人在用泪水告别来时路上失败的记忆。即便常常不如所愿，也不会在命运面前甘心认输，相反泪水是他们勇敢、坚强的见证。如果我们注意到这一细节，那么也就对他们此刻需要什么了然于心了，执着与自信将会为他们注入新的血液。

第三，落泪不一定是因为悲伤，也可以是真实的感动。倘若某件事触动了一个人内心最柔软的地方，此时他的脸上往往会绽放出带泪的微笑。这种人的内心往往太过丰富，而外界的影响也很容易成为他们情绪波动的诱因，这使得他们有时会缺少理性，而成为一个做事冲动的人。当他们倾尽全部心思去做事的时候，小小的幸福感也会油然而生。因此，他们会很懂得体贴他人，也更富于浪漫的情调。和他们在一起的时候，我们不要太过于拘泥呆板！

第四，无语泪千行，恰是一种交流的语言。其实很多时候一个人的哭泣往往会增进交流双方的了解，在无声中唤起彼此的共鸣。因为泪水会让人心中的关怀苏醒，从而得以吐露自己的心声。这种情况下的人往往缺少安全感，渴望对方给以关注和体贴，于是便选择用眼泪作为交流的语言。如果你身边有这样的朋友，那么不要吝惜给他们一点温暖、可靠的安全感，给他们一个肩膀来短暂依偎，因为此刻或许正是他们最无助的时候。

当然除了以上四种情况之外，我们还可以从流泪的原因、频率、状态、结果等方面去解读一个人的心理。

从原因来细分，有些人动辄哭泣落泪，多半心理脆弱；有些人则是希望引起别人注意，那么他们的心智成熟程度相当于十岁以下的儿童，不过只在最亲近的人面前才表现出来；而有些人一般不流泪，除非遇到重大变故，比如亲人去世，这样的人一般刚强坚毅，我们轻易读不懂他们的内心，属于坚强的类型。

以频率来看，哭得越频繁，起因往往越不是什么大事。不过也分两种情况：一种人属于比较脆弱，遇事第一反应就是哭；另一种人其实是为了自我调节，宣泄不良情绪。这类人往往是心理调节的高手。

哭的状态不同也表现不同的心理、性格。那些喜欢躲在无人的角落偷偷哭泣的人，多半内向、胆怯，与他们交往需要有足够的耐心；有些人则是毫无禁忌，性情的流露毫无遮掩，哭笑随心，这种人外向直率，内心纤尘不染，虽然情绪化但不失为好朋友的人选；有些人则最多是默默流泪，他们坚强隐忍，词典中没有“妥协”一词，但这也让他们内心长期处于极度压抑的状态之中，因此需要引导他们适当地宣泄自己的情绪；还有人则是在重大事件面前欲哭无泪，这是他们内心近乎崩溃的信号，这时候我们要留心，以防他们走上极端。

至于结果，一般来说，哭完也就没事了，即哭完生活还会步入正轨，这样的人往往比较豁达，不会较真；有的人可能是痛定思痛，哭完一场又来一场，这种人可能是极为重情，但也可能是习惯自寻烦恼，生性拘谨；有些人则是哭过之后重整旗鼓、奋发图强，这种人往往具有坚韧不拔的毅力以及超乎常人的魄力。

因此，面对他人的眼泪，一味地劝慰并不一定适用于所有情况，或许对方需要的是我们理智的分析又或者只不过是需要我们拉对方出去吃饭、聊天，放松一下而已。

笑容这个符号有着多种含义

幸福心理箴言——→马长山

如果有个人无缘无故地对你微笑，那一定是为了某种缘故。

我们在日常生活中会见到很多人的灿烂笑容，但这笑容背后隐藏着什么样的心理，大多数人都无法准确领会。

小欣的母亲是位白领精英，在单位对自己的员工温和可亲，在家里对丈夫、女儿更是体贴入微，她平时总是面带笑容，和暖得如同三月的春阳。

有一次，小欣放学比平时早了些，刚一进家门就听见母亲歇斯底里的声音，她吓了一大跳。仔细听去，原来是母亲在电话里向朋友诉苦，诉说自己在公司作为领导的个中辛苦以及家中那本难念的经。说到委屈之处，母亲不禁失声痛哭起来。

小欣明白了，于是她蹑手蹑脚地走出家门。最终，她在平日正常放学的时间点回到家，她看到的就又是一位笑意盈盈的母亲，只是没人知道母亲的笑容背后有多少苦涩。

的确，上面故事里的情况多见于女强人，她们的脸上很多时候是一副副坚强的笑容，因为不想让人看见自己深藏的脆弱。当然也可能只是礼节性的微笑，或者笑容背后另有其他想法，但是只要仔细观察，我们还是会发现由心而生的微笑与这些浮于表面的笑容有着细微的差别。

可能我们会遇到一些人，他们脸上无时无刻不是泛着笑意的。像这样的人，心理特征通常分三种情况：第一种是完全无心机，心地单纯，善良真诚，性情开朗活泼，每一天对他们来说都是阳光灿烂的；第二种是已经职业化了，比如说服务业，每天都要笑脸相迎，这样的微笑已经公式化了，其实眼睛里并无快乐的迹象；第三种是逢人便满脸堆笑，对谁都恭维、奉承，面对这样的人，我们最好和他们保持距离。

也有一部分人，他们是皮笑肉不笑的类型。那么，如何鉴定是皮笑肉不笑呢？人会心微笑的时候面部两侧肌肉是对称的，假笑却只有一侧的肌肉运动，并且眼角并不上扬，也就是我们所说的“眼睛不笑”。这样的人即便对我们表现得再亲热，心里也可能会对我们暗藏不满，与我们的交往不过是假意奉承。如果对方对我们有偏见，那我们只有用行动去改变他们的成见。

有些笑容并非出于客套或是缘于虚伪，而是一种无奈的苦涩，我们称为强颜欢笑。这样的人一般坚强而重视面子，不想让人看自己的笑话，但是内心的苦闷还是会无意识地流露出来。这样的笑容，一般是面部扭曲，显得不对称，有明显的痛苦状。而会心的笑则往往是眼角弯弯，嘴角上扬，下巴降低，很容易识别。此时我们最好是以礼貌的微笑来适时结束话题，这样更为体贴周到。

另外，有些人的笑容可能另有深意，比如，对方虽然在对我们笑，眼神却飘忽不定、四处游移，让我们觉得这不是在表示肯定和赞许；有些人郑重其事，末了却留下一个意味深长的微笑，让我们觉得其中似乎另有玄机却又迷惑不解；也有人笑容里流露出些许暧昧，但是做事并不鬼鬼祟祟。

总的来说，这些笑容里暗含的真实心理都需要我们仔细分析。

仔细看脸，表情里藏乾坤

幸福心理箴言——→ 万维钢

我们的潜意识早就学会了快速判断人的真诚程度和事件的紧急程度。进化的本能使我们可以毫不费力地通过观察人脸和对方的情绪对一个人做出判断。

女性在社会上行走，最令亲友牵挂和担心的是她们会成为骗子的“猎物”。毕竟女性更加感性，加上女性自身有着宽厚温柔的特质，这就更容易给骗子提供可乘之机。善良本不是错误，但是也要谨防被坏人利用。

有个推销员敲响了史密斯太太的家门，一脸诚恳地开始向她推销小型磁疗仪。也巧，史密斯太太长年受困于关节炎，正想摆脱困扰，就将推销员请进屋里。但是半小时过后，史密斯太太客客气气地将他送出了门。

史密斯先生对太太说："这人一看就不是个正经推销员，眼睛总是东张西望，还总是顺着你的意思说，干吗和这种骗子浪费时间呢？"

史密斯太太笑了："就因为知道是个骗子，所以才送他个教训嘛！"史密斯先生听了哈哈大笑。

像史密斯太太这样聪明的女人，相信她的家人一定会省去不少的担心和牵挂，因为她有一双能识别骗子的慧眼。想知道她从哪些方面看出骗子的破绽吗？下面我们就来讲一讲骗子脸上和表情里比较典型的特征。

首先，一个人开口之前先停顿几秒钟，这意味着他正在想是否有更好的说辞来将谎话说得圆满。因为说谎的人最害怕的是自己的逻辑露出破绽，因此，就在开口前的几秒钟，他们脑子里会迅速将要说的话过一遍。

假如我们发现了他们的漏洞进行质问时，他们的眼光会不敢直视我们，而是向下看的。如果我们看到他们的目光躲躲闪闪，不敢与我们对视，同时瞬间变得结结巴巴的，那么这种情况十之八九是在说谎。没有说谎的人在面对我们的质问时会愤怒地与我们对视，并且向前逼近，希望将事情弄个水落石出。因此，当我们遇上目光闪烁、视线飘忽不定的人时，可以推断对方有可能内心有愧或者正在撒谎。

也许有些人能将谎言说得天花乱坠，让我们无懈可击，这时我们要留意他们是否有下意识的动作。比如嘴角向下撇，下巴向内收紧，这样的表情是为了强调自己所言不虚。但是这种做出来的庄重，往往只能起到此地无银三百两的效果，暗示他们的心虚。而且还有人可能会做出下意识摸手的动作，这意味着他们内心焦虑紧张，需要用这个动作来进行自我安慰。

当然，现实生活中有很多骗子是富有专业素质的，他们会设法将谎话说得滴水不漏，罗列出一些事实，加上坦白无辜的眼神，再找来一些我们比较信任的人从旁作证，让我们一点点放松戒备，顺着他们的思路开始思考。因此，为了避免掉入他们精心布置的陷阱，我们要多加留心对方说话时的表情，毕竟它们在无意识中是会透露对方真实内心的。

下面是行为分析专家针对某些微表情做出的分析，我们不妨在生活中验证一下。

1. 没有那么多“半天缓不过神来”，真正的吃惊表情基本不超过一秒。

2. 有些撒谎者的眼神不会躲闪，这时就需要仔细观察他的眼神来判断是否可信。

3. 回答我们的问题时还要重复一遍，这是典型的撒谎。

4. 一个男人说话时总摸鼻子，意味着他心口不一。

5. 对方的手如果放在眉骨附近，表明此刻羞愧难当。

6. 如果能将一系列的事情倒叙如流，那么对方的话还是可信的。

7. 说话时眼睛向左下方看的人，此刻正在回忆，因而我们可以放心，他说的是真话。

8. 如果一个人说话时有一肩在耸动，这证明他对自己的话没有自信，有可能在说谎。

9. 对方的手如果冰凉，证明其内心被恐惧占据。

10. 假如对方发问的时候，眉毛微微上扬，那意味着他是明知故问。

11. 如果对方对我们的质问不屑一顾，那么通常我们质问的内容是真的。

12. 一个人如果是真笑，他的眼角会随之出现皱纹。

13. 微笑时面部两边的表情如果不对称，那么微笑很有可能是伪装出来的。

14. 讨论一件事情的时候，如果对方两次抿嘴，说明他的态度模棱两可。

15. 对方抱起双臂后退一步，这时我们不要相信他说的话。

16. 真心实意地说话是会伴随着眨眼的，反之则无。

心理小测试

起床后的表情，测出你情绪指数的高低

虽说一个人的情绪瞬息万变，难以捉摸，但是假如我们懂一点有关情绪的心理学，通过观察对方的表情去解读他的内心，就会变得十分容易。因为微表情心理学告诉我们，一个人面部眼、眉、嘴等的微反应及变化是其内心各种情绪的体现。下面就通过一个小测试来看看你起床后的情绪指数有多高吧！

心理测试内容

当你早晨起床后，你通常会用什么样的表情示人？

A. 面无表情的呆滞脸

B. 眉头紧皱的苦瓜脸

C. 勃然大怒的大臭脸

心理及性格解析

选项A：你的情绪指数为50%

你的情绪还算稳定。日常琐事一般不会引发你的情绪，只有感情上的事情，才会令你的情绪波动。你在工作中往往是比较理性、独立和成熟的，不容易情绪化。因为你认为让别人看出你的情绪会显得不够专业。然而，在生活上你就很容易情绪化，很容易因为感情的事情而情绪上下波动，甚至发脾气。

选项B：你的情绪指数为99%

你的情绪起伏相当大。你内心十分敏感，感情上比较脆弱，性情直率，敢爱敢恨。往往很容易因为外在的情形而影响自己的情绪，而且会把情绪写在脸上。你属于感觉派，只要感觉一来，就会变得非常脆弱、敏感，常常很担心别人对自己的看法，担心自己不够好等。

选项C：你的情绪指数为20%

你的情绪相当稳定。你性格内敛，待人和善，不管遇到什么事，都能够站在对方的角度思考问题，懂得照顾别人的情绪。通常，你会把自己的各种情绪隐藏起来，不想让大家为你担心，让大家觉得你是可以依靠的人。但是这样的你很压抑自己，所以有很多苦都藏在心里说不出。

第三章

留心行为细节，透过肢体语言读懂对方“小心思”

从行为心理学的角度分析，一个人的身体最诚实，即便语言上可能会有所掩饰，但是细微的动作会泄露一个人内心的秘密。倘若我们留心对方的一举一动，对方的那点“小心思”是逃不过我们眼睛的。

步态可以窥见对方的内心活动

幸福心理箴言 ——→ 靳羽西

一个人站的姿态、走路以及坐的姿态，都体现着他的素质。

“卧似一张弓，站似一棵松，不动不摇坐如钟，走路一阵风”，这首《中国功夫》很多人都耳熟能详。其中“走路一阵风”是对走路姿态的讲究，其实不只是练功要求，对我们来说，还可以通过一个人走路的姿态读出这个人的内心世界。

小璐在一家公司做面试官，一次来了一位应届毕业生，面试之后大家都很看好这个年轻人。但是就在他转身出门的时候，小璐发现他走路时是用脚尖的，一踮一踮的。这个细节让小璐改变了想法，怀疑起这个年轻人的能力来。

结合简历，经过综合分析之后，她认为这个男生不够踏实，容易好高骛远，不建议公司录用他，但是其余两位面试官不以为然。

结果，那位男生被录用之后，不到两个月就辞职去了另一家薪酬更高的公司，实际上那家公司并没有太大的发展空间。事实证明了小璐当时的判断是正确的。

为什么仅仅从走路踮脚就可以看出这个男生的心理呢？因为一般这种走路姿态暗示这个人有着不安分的内心，对自己的能力缺少一个准确的定位，而且缺少长期规划，所以心态上会相对比较浮躁，容易好高骛远。

从这个例子我们可以发现，一个人的走路姿态中暗藏着其心理密码。不同的走路姿势意味着不同的心理状态。

同样是走路，有人抬头，有人低头。前者走路目视前方，显出充分的自信，这样的人对生活往往抱有积极的态度，而且从长远发展来看也会更加趋于优秀。后者走路时常低头看自己的双脚，他们一般漫无目标，带着一种无聊厌倦的感觉，并且在各方面的能力都较弱，故而缺乏自信，不会对前景抱有过高的期待。

从走路的步伐来看，有的人走路时脚步如同踏着音乐的节拍，而有的人则步伐显得沉稳缓慢。前者走起路来步态柔和优美，这样的人多半富于智慧，与之相处会比较轻松、无压力。而后者多半较有主见，做事往往胸有成竹，但这种人有可能是慢性子，这要从他们做事上去判断。

有人习惯来回踱步，有人更喜欢闲来漫步。前者多半是在沉思某个问题，此时我们要避免打断他们的思路。后者则不介意多一位友好的伙伴同路而行，随意闲聊几句，也是个交流感情的好机会。如果有人时常踱步，那么这个人很可能有个思维严谨、长于计划的头脑；而总是习惯漫步的人，则相对较为散漫，做事不认真的可能性较大。

踱步时，有人习惯背手，有人习惯叉腰。这两种步态仔细观察是有规律的：前者多半会眉头紧锁，可能正为某件事苦思冥想；后者往往是疾步走过，这表明他们有急事需要去做，而且期望在短期内获得明显成效。

走路的路线也是有趣的暗示。有人习惯一条直线走下去，不到必要时不拐弯。这样的人有强烈的主观意识，一旦确定目标就会雷打不动地去执行。因此，与他们交往时，我们最好不要成为他们的“路障”，他们会很欢迎我们成为并肩而行的“战友”；而走路的路线歪歪斜斜的人，一般没有明确的目标，做事也常常会因疏忽大意而出错。与这样的人在一起时，我们不要跟着他们的步子走，以免因一时大意而漫无目的地胡乱行动。

此外，走路喜欢摇晃不停的人一般善于交际，而且待人热情随和，不过骨子里有点儿高傲；而来去如风的人往往性格直爽开朗，不拘小节，但是做事会很讲效率，是值得信赖的朋友；走路小心翼翼的人则往往有着外粗内细的精明，而步履和缓的人则比较理性。

不同站姿映射不同心理

幸福心理箴言 —→ 佚名

站姿看出才华气度，步态可见自我认知。

通常，我们对“站有站相，坐有坐相”的理解是要注意自己的仪态，因为这是礼节之一。其实，从心理学的角度来看，不同的站姿反映不同的内心世界以及秉性。

晓妍在一家私企做普通职员，初来乍到，由于对于业务并不熟悉，所以她极为不自信，站在人前总是会低着头，两手相牵放在前面。

有一天，客户来公司洽谈业务，上司临时有事便吩咐她招待客户，晓妍一时觉得茫然无措。正当她准备和客户谈业务的时候，客户说："既然领导不在，那我们就改天再来。"

晓妍很纳闷客户为什么宁可多跑一趟也不和自己谈业务。后来，她才明白客户通过她的站姿看出她是一个不自信、缺乏主见的人，所以不愿和她浪费时间。

从这一个例子，我们就可以看出观察站姿对于了解一个人是何等重要。

鲁迅的作品《故乡》里有一位杨二嫂，书中是这样描写她的形象的：两手叉腰，双脚分开，俨如一个细脚伶仃的圆规。这个站姿描写显得她尤为泼辣，明眼人一看便知她多少有些难缠，属于得理不让人、无理占三分、比较刻薄的类型。这样的人一般不会在意面子，所以与他们交涉，讲理是徒劳无功的。不如将道理说明后，三十六计走为上策，剩下的任由他们自己处理。因此，聪明的女人要避而远之才是明智之举。

站立时，喜欢两手插在口袋里的人多有自我防御的心理，因为手露在外面，他们会觉得不踏实、不安心。他们的内心恰如双手一样，需要一个安稳踏实的空间，在这个空间里他们可以卸下自己的戒备。这种人一般不喜欢表露自己，更喜欢安静地独处，并且自我保护意识很强，初次见面时一般都会对我们保持一定的警惕。所以和他们交往时，我们尽量不要触碰他们的私人问题，多谈谈自己倒是无妨，这样也会逐渐赢得他们的信赖。

有些人站立的时候如同藤蔓一般需要某种依靠，这样的人一般内心羞怯，缺少独立意识。他们对他人存在依赖感，更喜欢被他人领导，而不愿独立去思考问题。他们在工作中踏实安分，但是缺少想法，遇事一般是求救的角色。与他们交往时，我们可以尝试引导他们的思想，成为他们信赖和仰靠的领导者，只要我们能保证自己的决策基本正确，相信他们会成为很好的执行者，甚至可以成为我们忠诚的下属。

通常，令人赏心悦目的站姿大概要数昂首挺胸、目视前方，这样的人浑身洋溢着自信。他们性情直爽，因此，与他们交谈时最好直来直往，不要过于含蓄，这样才有利于交流感情。那种站得线条僵直的人，则可能是生性拘谨，害怕自己出现失误，凡事都倍加谨慎。与他们交往时，千万要注意态度温和，避免给对方增加心理负担。

与之相反，有的人在站立时习惯低头、弯腰、驼背，这样的人心理处于防御状态，生怕“枪打出头鸟”。他们会显得胆怯和不自信，在与他们交往时要给予理解和宽容，不要轻视和嘲笑他们。

有的人实在不喜欢时刻都站得笔直，更愿意选择舒适的姿态。这样的人一般都富有能力和资本，虽然可能会显得倨傲，但从他们身上可以学到很多东西。

还有一些人平时喜欢摆造型般的站姿，这样的人有很强的虚荣心，喜欢通过摆酷来吸引别人的目光。因此，我们要理解他们爱美的天性，有这样的朋友在身边，适当的包容是不可少的。

另外，站立时的一些细小动作也说明一些问题：当一个人开始单腿站立，另一条腿倾斜或弯曲的时候，那就表明他开始感到无聊了；一个人的两脚不安地做出想要走路的动作，这就表示对方明显不耐烦了。遇到这些情况时，我们要适时结束话题，避免继续纠缠对方，徒然耗费时间。

坐姿犹如一张名片，你读懂了吗

幸福心理箴言——→莎士比亚

在宴席上最让人开胃的就是主人的礼节。

双方见面，握手言欢之后各自落座，从站姿突然改为坐姿。这个过程以何种姿态入座以及选择坐在哪个座位，都可以为我们的读心识人做出参考。

美国一所大学的教授就曾经用这个办法选出了10位优秀的新生。

新生入学伊始，教授们需要人手协助他们进行一项实验，但是为如何挑选助手而倍感茫然无绪。此时格林教授胸有成竹地说，他现在就能找出合适的人选。

结果，他选出的学生确实不负众望，谦逊而又聪明，接受新知识的能力也超过一般人。有人向格林教授请教秘籍，他说："在第一天开学典礼的时候我就已经观察过他们了，有些学生落座之后就跷起二郎腿，有些学生将椅子摔打得哪哪直响，而我选的这些学生，他们都是扶稳椅子之后慢慢落座，这样的学生谦虚谨慎，懂得礼节，也擅长与他人协调工作，至于成绩单已经没有太大的参考价值了。"

这个例子极好地证明了观察人坐姿的重要性。但是我们在观察的时候不要表现得太刻意，可以微笑地目视对方并缓缓落座，否则对方发觉我们在观察他，会产生尴尬。

人的坐姿犹如一张名片，那么，我们该怎样去读懂它也是大有学问的。

只坐半张椅子的人大多认真务实，充满毅力而又不乏冲劲，可以说是"静若处子"。和他们交往时尽量不要说一些无关的事情，否则会让他们觉得浪费时间，尤其是工作场合就更要避免闲聊，否则他们会将我们视作八卦人士，进而怀疑我们的工作能力。而常常和他们探讨正经事，会令他们刮目相看。

坐下之后将整张椅子坐满的人多半外向，长于交际，有着不错的人缘。开放式的姿态也意味着他们很容易融入群体，而且对于他人的请求基本是来者不拒，与之相处无压力。这类人做朋友是极佳的人选。而且他们其实极为反感得寸进尺的人，如果我们一个要求接着一个要求，那么可要谨慎拿捏好分寸，不要频繁去麻烦他们。

坐下之后双腿交叠很常见，右腿在上的人性格敏感，很在意他人的眼光，属于被动类型；而左腿在上则是擅长筹划的实干派。坐下后双腿紧紧并拢的人生性拘谨，踏实肯干。如果是女性，坐下后双腿并拢而且稍稍倾斜，则说明她极为关注自己的形象，是个注重细节的完美主义者。

不只坐姿，选择的座位其实也反映了一个人的心理。

喜欢坐在前排的人，要么是位居领导层的人，要么是希望得到领导关注的人。这样的人有自我表现的强烈渴望，喜欢万众瞩目的感觉，但是同时也会不经意地表现出傲慢。与他们相处时，一定不要争抢他们表现的机会，而且不要让对方感到我们在怀疑或轻视他们的能力，否则会令对方感到严重被亵渎，那样就是给自己树敌了。

坐在中间排的人则多半比较安稳，轻松随意，不希望引起别人过多的注意。这种人不喜欢发表言论，没有多少表现欲，在世俗中往往可以避开锋芒。他们在大家的眼里就是老好人的形象，随和淡泊，友善谦逊。但是我们要避免跟他们谈论别人的是非，这样只会搅扰他们原本的宁静，引起他们的反感并渐渐疏远我们。

有些人则喜欢选择在角落的座位，这样的人安静内向，根本不想引起他人的注意，也轻易不会表露自己的观点。他们更多的是持有一种明哲保身的态度，喜欢独来独往，更向往自由散漫的生活，所以团队意识不强。与他们交往时，较真是不明智的做法，因为他们属于自由主义者，因此我们不如给他们提前留出做事的时间，这样就不会耽误工作的进度。如此下来，也能相处得和睦融洽。

而那些喜欢待在后排的人，则是内心高度自卑，生怕在众人面前失误落得尴尬，所以不敢表现自己。他们的自我防御意识很强，做事也多瞻前顾后，畏首畏尾。害怕出错是他们极度不自信的根本原因。与这样的人交往时，我们要避免让他们自己做决定，必要时可以直接去找他们的上级进行沟通，以免因他们犹豫不决而耗费精力，从而避免一些不必要的麻烦。

购物场合的行为，也可以测试对方心理

幸福心理箴言——→塞缪尔·斯迈尔斯

这种“记账”的生活方式表明许多意志薄弱者的堕落，他们不能抵制消费一些目前无力支付的东西的诱惑，因而总是赊欠。

商场购物往往是女性释放压力、消遣休闲的一种绝佳方式，我们有时也会陪伴家人、朋友或恋人一起逛街购物，这时候，假如我们在购物的时候观察一下身边同伴购物的行为习惯，就能更好地读懂对方心理，拉近彼此的距离。

如果我们的同伴在挑选商品的时候更加注重实用功能、品质耐用等关键点，而不是将注意力放在外形是否新颖美观上，那就说明他们比较务实，不注重修饰。因为在他们的心里，那些并不能给生

活带来实质性的改变。所以与这样的人交往时，我们尽量要遵循务实的原则，否则就会被他们认为华而不实。

有些人在购物的时候更加倾向于产品的外形以及做工是否精美，他们更加看重的是产品的审美价值和艺术魅力，包括产品对周围环境装点美化的效果，这样的人一般对美具有执着的追求。那么与他们交流的时候，我们自然就要将话题的中心倾向于对美和艺术的探讨，这样才能保证双方的谈话有一个良好的契合度。

也有一些人在挑选商品时既不追求实用，也不追求美感，比较坚持标新立异的原则，时髦或者新奇的商品更受他们的青睐。这种人的个体意识往往很强，而且不喜欢墨守成规，有时可能脑洞大开，天马行空，不受外界束缚。与这种人交往时，我们当然要尽量避免拿太多既定的条条框框来限定他们，否则就会引起对方的反感，并令他们嗤之以鼻。

有些人购物更多的是希望能跟上他人的步伐或者超过他人，这种人一般有从众心理，他们会看周围人的选择然后决定是否购买。和他们交流时，如果我们无意之中使他们感到抽离于潮流之外，就会令他们感到格外焦虑。

有些人还喜欢买便宜货，但他们本身并不一定是低收入者。他们的普遍心理是希望低消费高收获，所以会在同类产品中反复比较，然后选择价格较低或者打折的那一种。如果价格较贵，那么就会讨价还价，直到符合他们的心理预期为止。这样的人有求利心理，与他们交往的时候，利益才是最能打动他们的那个点。

有些人购物时专看是不是名牌，这样的人多半希望借此彰显自己的地位和名声来获得认同，有求名心理。不言而喻，在我们和对方交流的时候，他们希望看到的是我们对他们的声名、威望的肯定与崇拜。

有些人的购物指向很明确，多半会和他们的兴趣爱好挂钩，比如收藏、花鸟鱼虫之类。他们的购物有着持续性和指向性，这类人表现出的是偏好心理。与他们交往的时候，当然也需要提前做点相关的功课。

有的人去购物，热情满满地进店，倘若受到销售人员的冷遇就会拂袖而去，转向其他店家。用这类人的话讲，就是“我买的不仅仅是商品，还有尊重”。他们的购物，很大一部分是为了享受一把“顾客就是上帝”的待遇。这表明他们有着强烈的自尊心。因此，在与他们交往的过程中，要时时注意给他们一种被尊重的感觉，这样双方交流才会很愉快。

还有这样一类人，他们在购物的过程中，几乎要方方面面地全都询问确认、仔细检查之后才敢放心购买，这是疑虑心理的表现。他们唯恐不慎上当受骗。他们或者主要关心产品的安全问题，比如是否过期、有无漏电之类的现象。由于他们的购物都表现出安全心理，因此与他们交流时，我们更多的是要给他们一种安全感。

此外，还有一些人在看中某样商品的时候，会趁旁边无人注意而迅速成交，这意味着他们心中怀有隐秘心理。一般可能出现在购买某些羞于启齿的物品，或者是名人购买奢侈品的时候。他们一般不希望有人注意到自己的私密生活。当然与他们交流时，我们也要对他们的私密生活给予尊重和保护。

交谈时对方手臂的微动作，你捕捉到了吗

幸福心理箴言——→路易丝

我是女王，但是我没有权力挪动我的胳膊。

日常生活中，我们总会说“臂膀”这个词，它用来指代那些值得信赖并依靠的人。其实这绝非偶然，因为手臂和肩膀的动作，恰是身体上极能表现诚意的微反应，这两个部位的动作可以迅速吸引人的目光，所以人们一般很少“轻举妄动”手臂和肩膀，却也不可能完全抑制下意识的动作流露。

有位女孩大学毕业后到一家公司做销售工作。有一天，领导让她去一家饭店推销盘子，自己尝试去找客户签订单。由于饭店老板

正在接待重要的客人，她不便打扰，就在店里等待。结果不小心撞到上菜的服务员，打翻了饭菜不说，盘子也摔得粉碎。老板闻声出来，尽管她道歉说不是有意的，但还是被盛怒的老板赶了出去。

过了几天之后，她又来到店里。老板见状，双臂抱在胸前，冷笑道："你这次又是来摔我盘子的吧？"

她不急不怒地笑道："上次的事实在是抱歉，不过您想过没有，这还证明了一件事。"

老板一头雾水："什么事？"

"说明盘子硬度不够。这样的事情肯定不可避免，但是时间久了对饭店也是一笔损失，如果用我们的产品，相信可以帮您节约一笔开销。"

老板看到她手中的盘子落在地上仍安然无恙，不禁心悦诚服。于是，抱在胸前的双臂也放松下来，与她签下了一笔订单，还有一份长期合同。

我们仔细看这个例子中老板的动作，由双臂合抱到松开双臂，其实正是他从心理防御到坦然接受的过程。所以手臂的动作是社交中一个非常重要的信号，肩膀也是如此。那么，我们来看一下不同的手臂和肩膀动作传达了什么样的心理信息。

双臂交叉抱于胸前，是我们常见的一种姿态，可能很多时候会觉得这样颇有范儿。但是实际上这个动作是人们在意识到危机降临的时候，不自觉地用手臂保护自己以增加安全感的一种表现。当我们看到一个人对我们做出这个姿势的时候，说明这个人内心处于戒备状态，可能此刻紧张不安，或者对我们的话有所怀疑，便自然做出自我保护的这个动作。当然我们会因此感到不适，意识到对方对我们有抗拒心理。那么此时我们就要尝试去消除他们的这种不安全感，以真诚的态度去打开对方戒备森严的内心，这样对方也会慢慢卸下“铠甲”，最终建立友善和谐的人际关系。

有的人则是将手臂下移了——双手叉腰，这个动作多半带有愤怒和挑衅的意味，也意味着这类人此刻在心理上处于攻击状态。这个动作最早源于人们在面对敌人攻击的时候，会选择用张开双臂或者叉腰来让自己在视觉上显得庞大从而震慑敌人。这样的姿态往往出现在一个人感到尊严受到侵犯或者与对方的争执一触即发的时候，他们希望通过这个动作来增强自己的气场。

此外，双手叉腰的动作背后往往是这类人愤怒的内心攻势。这时我们需要设法来缓和对方的愤怒，而不要一味强势抵抗，否则只能促成“战争”的爆发，其实适当地示弱也未尝不是好事。

有些人习惯性地将手放在背后，表明自己坦荡磊落，有一种不设防的自信；那些喜欢手握住手臂的人，则保守、爱面子，所以别人请求帮忙时，他们都会尽力而为。

而肩膀的动作中比较常见的是耸肩。它的表意较多，比如对某事不置可否，觉得某事荒诞可笑等，外加一个摊手的动作，可能还会面带嘲讽。与他们交往时，我们会感觉轻松无压力，因为他们多半不喜较真，无意于争执谁对谁错，更在意朋友之间的关系是否和谐融洽。但是这也不意味着我们可以触犯他们的底线，其实他们只是认为平时没有争执的必要，不代表一定认同我们的观点。

抽烟动作有玄机，教你慧眼识男人

幸福心理箴言——→佚名

抽烟的每一个动作都反映一种心态，静静地抽烟的人，烟圈静静地飘动，抽烟的人也静静地沉思，虽然内心可能翻江倒海，思潮如涌，外表却利用抽烟来压制，给人一种“运筹帷幄之中，决胜千里之外”的镇定与沉着!

相信我们应该都会有这样的体会：影视剧在塑造人物特殊心理或形象时，往往会有一些小细节的特写，比如抽烟。当一个人点燃一支烟吞云吐雾的时候，便给人一种或深沉或犹豫或焦虑的感觉。那么，在日常生活中，我们身边的人在抽烟过程中的一些小细节，你注意到了吗?

有位年轻人，大学毕业后找到了一份待遇优厚的工作，但是始终单身一人。虽然父母也安排了多次相亲，但是每次他都被对方拒绝，失望而归。

这次相亲的女孩虽然相貌平平，工作一般，却还是拒绝了他。他百思不得其解，询问原因，对方的回答是："首先，你即便寂寞也不应该用吸烟来危害别人的健康；其次，你的手指是轮流夹烟的，表明你情感上并不专一，即便是结婚以后，你也可能会另寻新欢。"

年轻人听后仔细回想确实如此，不禁颇感惭愧。

心理学认为，抽烟的过程恰是观察男人的好时机，这其中有很多细微的环节，需要我们擦亮双眼。

一是点烟的时候。敬烟的时候，如果对方是双手接烟，说明对烟主心存畏惧，一般都是单手接烟即可。习惯别人点烟的人往往很享受身居高位的陶醉感，而叼着烟点火的人则多半急躁缺少耐心，做事会很利落。

二是夹烟的手势。食指和中指夹烟居多，用指尖夹烟的人一般比较温和，心思细腻，懂得享受生活，但缺少安全感，因为怕失误而不易有大成就。夹烟位置靠后的则待人热情，做事果断，但是不易妥协的强硬态度可能会为自己树敌，而在家庭中则往往呈现出大男子主义的本色；而用大拇指和食指夹烟的人，他们往往藏不住心里的秘密，喜怒哀乐全都一览无余，因为性格开朗所以也交友很广，但是爱憎太分明。做事积极主动，但是多缺少恒心。手指轮流夹烟的人则缺少定性，对人对事很难专心，而且比较敏感，不会轻易相信别人。不用手夹烟的人，则多漫不经心，做事轻率，也容易上当受骗，但在感情中富于浪漫情调，会主动追求心仪的女孩。

同时，烟叼在嘴唇左边的人往往城府较深、计划周密；烟叼在嘴唇右边的人则是聪明干练的行动派；烟叼在中间、烟头朝上的人做事过于急躁功利，烟头朝下则做事踏实稳妥。

三是吐烟圈的方式。向前吐烟圈的人有点儿挑衅的意思，喜欢挑战性的活动；避开他人吐烟圈的人则懂得为他人着想，细心随和，有较好的人缘；向上吐烟圈的人内心充满自信，心情愉快；向下吐烟圈的人则可能陷入困局，心情沮丧。

四是抖烟灰的频率。经常抖烟灰的人多半谨慎细心，做事干净利落，但是往往神经的弦会绷得太紧；不常抖烟的人则比较善于隐藏自己，考虑问题细致周全，不过很容易被人误解。

五是掐灭烟头的动作。有些人会一气之下将烟捻成一团掐灭，这种人往往急躁武断。而轻轻地把烟头按灭的人则比较理性，善于条分缕析。没掐灭就扔烟蒂的人很可能性格中有叛逆任性的成分。把烟头放在水杯里熄灭的人则有幼稚的耍酷心理。而轻轻地弹掉火星再掐灭烟头的人，谨慎且多半缺少自己的主见。

此外，喜欢咬烟嘴的人有自虐倾向，遇事习惯于自责。而喜欢抽过滤嘴的人孤独多疑，不易接受他人意见。抽烟很急的人虽然性情急躁，但是他们擅长一心多用且更容易取得成绩。

挤牙膏这件小事，透露出不同的心性

幸福心理箴言 ⟶ 佚名

奥秘全在细微处。你每天挤牙膏的方式就是你性格的真实写照。

不要小看挤牙膏这件事，虽然看起来很琐碎，但是能反映不同人的不同心性。如果我们仔细观察，一定会发现不同的人挤牙膏的方式各有不同，而这其中也潜藏着他们各自内心的一个小世界。

比如，日本有位男士就是因为每天早晨挤牙膏后留下指印，将牙膏管弄得凹凸不平，结果令有完美主义的妻子大为恼火而引发了两人的一场争吵。

相信很多人可能会选择从牙膏管口开始挤，然后再一点点从前往后挤。这样的人一般缺少长远规划，只看到眼前的利益，做事没有章法，走一步看一步，总是处在被动的状态中。他们缺少自己的想法和目标，未来对他们来说太遥远。因此，成功也总是迟迟不愿眷顾他们。不管他们嘴上说得如何天花乱坠，我们都不要轻易相信他们的话，脚踏实地地走好自己的路，按照自己的计划来行事才是最稳妥的。

相反的，有些人习惯从牙膏的尾部开始挤，从后往前用。这样的人谨慎小心，他们做事有自己的既定目标，故而总是会提前做好准备，凡事都会按照计划进行得有条不紊。正因为他们的危机感很强，所以在面临困难的时候往往更加从容淡定，而成功也会对他们格外垂青。因此，我们要避免和他们讲一些有风险的事，不然会在他们心里蓄积成压力，而且会视我们为危险人物，即便没有合作，也会慢慢与我们疏远。

有一种人介于两者之间，他们是从中间开始挤牙膏，从中间开始向前挤，最后用后面剩下的牙膏。这样的人善于给自己留出余地，做事预先留好后路，兼顾成功和失败的可能性。但是这也使得他们缺少定力，在挫折面前容易摇摆不定而打退堂鼓，导致半途而废。

至于那些挤牙膏毫无规律的人，则多半属于利己主义者。他们对于从哪里挤牙膏没有定数，往往随心情而定。这种人一般随性散漫，不擅长团队协作，缺少定力却又往往固执己见。他们的交际圈会比较狭窄，因为他们更在意的是自己的利益，所以一般很难得到领导的赏识。如果我们需要找他们帮忙，就必须让出一部分利益作为代价，这样他们才会乐于合作。在共同完成的事情上，我们需要拿出一个完整的逻辑并有约定为证，以免事成之后对方将功劳全部包揽。

有些人挤牙膏的动作小心翼翼，这样的人一般感情细腻，深受周围人欢迎，而且有时甚至到了八面玲珑的程度。平易近人固然是好品质，但是毕竟对人过于热情也会令人有所顾虑。

而那些一口气挤出很多牙膏的人，平时对人仗义，花钱方面往往一掷千金，行为不拘小节，会被人认为没心没肺，但是这种人确实值得信赖。每次只挤一点点牙膏的人，生活态度可能比较消极，他们缺少朝气蓬勃的活力而且拘泥、不善变通，但是由于理性平和，不会做出极端的事情，可以劝他们尝试一下新鲜事物。

至于那些由家人为他们挤好牙膏的人，则多半不在意细节，依赖性比较严重。

心理小测试

从握手机的动作看你的心理

只要我们稍加留心观察，就会发现每一个人握手机的动作都不一样。其实，从这些细微动作就能看出一个人的心理及性格。你是不是很想通过观察别人握手机的一举一动来看透对方是怎样的一个人呢？来做一做下面这个测试吧，或许你就有所了解了。

心理测试内容

A. 单手拿手机，同一只手的大拇指进行操控。

B. 两手拿手机，大拇指交替操控。

C. 一只手拿手机，另一只手的拇指进行操控。

D. 一只手拿手机，另一只手的食指进行操控。

心理及性格解析

选项A：你气场强大，无比性感，记忆力超强；事业心强，尽职尽责，充满理想，灵活机警。你很懂得拿捏分寸，而且爱憎分明，不是必须出手时，你也不会带着刺，你只希望有人可以让你依赖，让你不用继续戴着面具。

选项B：你慷慨大方，比较引人注目。你自尊心较强，较重权势；工作上你干劲儿十足，虽充满理想，但内心脆弱，对自己期望高但怕失败，需要别人温暖的鼓励。

选项C：你比较敏感，想象力丰富，风趣幽默，甚至爱自黑，生活上有点儿不拘小节，乐于助人，富有同情心。工作中求知欲强，爱冒险，但有点儿急躁。渴望被保护，渴望被真诚对待，喜欢被认可和被接受的感觉。有时候你就是人太好，强硬不起来，往往容易被人利用。

选项D：你创造力强，机智过人，思路敏捷。你爱好美与艺术，善解人意，有时顾虑太多，充满感性。你有特殊的人格魅力，很容易引人注目，内心崇尚和谐关系，但又比较有感召力，能够胜任领导岗位。很多时候你会选择沉默，是出于你的涵养，你宁愿牺牲奉献，也不愿任何人受到伤害。有时候你只是心直口快，但并不妨碍你有一颗美丽的心灵。

第四章

了解饮食有关的潜意识，看人准到骨头里

素来有“民以食为天”之说，其实饮食不仅仅是生存的基础，还有着直指人心的作用。毕竟每个人都有自己的饮食偏好，而且在餐桌上看菜吃饭，推杯换盏，我们便可以看出人的内心。

就餐地点的选择往往泄露对方的内心

幸福心理箴言——→佚名

请客吃饭就是要保证客人在这期间吃得快乐。

朋友来往，请客吃饭是人之常情。先撇开饮食内容不谈，就餐地点的选择就是一门学问。一个人将就餐地点选在哪里，其实已经无意中透露了他的内心世界。比如有的人喜欢一掷千金去豪华的饭店，有的人喜欢找一家环境优雅、弥漫着文艺气息的餐厅，有的人索性直接在家宴请客人，亲手做出满含心意的一桌饭菜，这些都与他们不同的心理世界密切相关。

定下豪华酒店里的商务宴的人，可谓是大手笔。这种饭局一般都含有某些商业目的，或许不等席散，双方在饭桌上已经敲定了一桩生意。把地点定在豪华酒店的人，基本上是事业有成，或者事业心很强，属于积极进取的那一类。他们做事喜欢讲排场，而排场的背后无非是有某种利益目的。他们做事出手大方，并且颇有魄力，雷厉风行，果断斩截。然而他们也有自己的缺点，就是总会被面子所累，唯恐别人轻视自己，与其说是自尊心在作祟，倒不如说是虚荣心让他们活得太累。因此，和他们交往时，我们必然要熟悉他们的利益原则，倘若我们对他们没有丝毫用处，想成为他们的朋友可能比登天还难。

有些人吃饭其实吃的是一种氛围，一种情调，他们会找一家富有文化意蕴的小餐馆，虽然不豪华，却自有一种格调。这种人可能在经济上并不富裕，但是他们重视生活的质量与品位。他们平时做事用心细致，待人接物也会处处体现诚挚的本色。因此，如果想和他们做朋友，我们要以诚相待，不要让对方感到我们对于金钱权势有过分的热衷，否则他们会觉得我们是势利的人，不会对我们有太多的信任。

还有人喜欢把地点定在街边的大排档或者小吃街，看过电影《推拿》的朋友估计还会记得影片末尾的画面。这类人请客吃饭的目的简单纯粹，无非就是品尝美食、交流感情。他们生性多豪爽大方，不喜欢斤斤计较。与朋友交往时真诚友善，他人有难时乐于伸出援手，竭尽全力帮助对方。虽然性情直爽可能会让他们在事业上受阻，但是他们不会忘记自己内心的追求。因此，要想和他们打交道，也需要自己是乐于助人之人，同样也要收起自己的小心机，否则只会招来对方的反感。

有人索性请朋友来家中吃饭，甚至亲自下厨掌勺。这样的人往往心思细腻，但对朋友则不拘小节。因为做事很讲原则，一般不要触碰他们的底线。不过因为不轻易信任他人，所以他们的圈子往往比较狭小。因此，要想成为他们的朋友，需要在日久天长的了解中慢慢产生感情，想让他们打开心门是需要时间的。

透过吃米饭的配菜，看穿一个人的心理

幸福心理箴言 ——→ 布里亚·萨瓦兰

告诉我你平时吃什么，我就能说出你是怎样的一个人。

米饭是大多数人的主食，通过观察对方吃米饭的配菜，我们能看穿一个人的内心。也就是说，从心理的角度来看，吃米饭时的配菜透露一个人的内心。

有些人喜欢在米饭中加入菜汁食用，这样的人一般脑筋灵活，很多时候想法可能就是一闪念的灵感。他们往往是人群中掌控话题的那个人，聪明颖悟，反应敏捷，但容易忽略周围人的感受，不是耐心的倾听者。因此，和他们相处的时候，要保证头脑跟上他们思考的速度，否则很可能就会被忽略在一旁。

有的人喜欢将米饭做成烩饭，这样的人一般富有表现欲，而且周围的动向都逃不过他们那机敏的双眼，行动起来绝对是雷厉风行，但是这就难免会出现考虑不周的状况。如果有这样的朋友，可能就需要我们多帮他们参谋一下了。

米饭里爱加鸡蛋的人往往希望自己有个健壮的身体，他们做事的动作幅度之大，往往引人注目。毋庸置疑，各种运动项目基本少不了他们的身影，这时就会暴露他们精通运动的本色。

喜欢米饭配青菜的人性情温和沉静，从容宽厚，不喜竞争，很少与人发生口角。他们更喜欢将内心世界隐藏起来，独自承担生活的所有压力，甚至宁可因此承受误解。对于这样的朋友，我们能帮助他们的就是默默地陪伴。如果他们愿意，自然会向我们敞开心扉。

喜欢在米饭里加酸菜的人多半坦率真诚，同时又不免会头脑简单。对他们来说，思考复杂问题简直就是折磨。故而他们更喜欢干净利落，讨厌拖泥带水。他们更容易信任别人，因而很容易和他们成为亲密的朋友。

将海鲜作为米饭配菜的人温和而热忱，但不喜欢麻烦的事情纠缠在身，更不喜欢将时间耗费在无聊的事情上。温和的性情会使他们与争执或冲突几乎绝缘。如果只是配鱼吃的话，这种人多半头脑机敏，喜欢在热闹繁华的地方被众人瞩目，平淡如水的生活会让他们觉得难以忍受。认真积极的个性是他们在工作中的助推剂，但是心急也会使得他们在处理事情的时候不能平心静气。

另有一些人喜欢将米饭做成饭团或者索性汤泡饭，这样的人热衷于竞争，他们的斗志只需要一个对手就可以瞬间点燃。但是他们会因缺少耐性而陷入做事三分钟热度的尴尬境地，不过待人热情的他们在工作上也更易于取得成就。

点菜背后有一套识人的哲学

幸福心理箴言 → 钱钟书

吃饭有时候很像结婚，名义上最主要的东西，其实往往是附属品。

如今随着应酬越来越多，女性朋友需要了解饭桌上的点菜艺术，这样可以避免自己在不知不觉中陷入尴尬的境地。饭桌上的小乾坤里，点菜自然是一门学问，此时如果能仔细观察，便可以初步了解他人的心理，为下一步的愉快交往做好铺垫。

一次，小颖请客户吃饭，洽谈业务。为了表示尊重，小颖便提议从对方的一位年轻人开始点菜，结果那位年轻人毫不客气地说：“要不每人来一只鲍鱼吧。”

此言一出，在场的人无不尴尬。小颖为了避免破坏气氛，还是同意了他的要求。

但是，从那以后，小颖再也没有和这家公司打过交道。

小颖认为，一个员工在饭桌上的表现，反映的是这个企业对员工礼仪培养的重视程度，她只是希望透过这件事给这位年轻人一个教训，让他明白自己在餐桌礼仪上的失误。

的确，通过点菜的方式，我们确实可以看穿一个人的内心。尤其是在职场上，此时聪明女人要善用自己识人的能力，将事情处理得周全而圆满。

拿到一份菜单，每个人的反应都各不相同。有的人第一反应是只点自己喜欢吃的菜，这样的人多半以自我为中心，不善于考虑他人的感受。虽然他们生性乐观开朗，不拘小节，做事也很少优柔寡断，但是其决定的合理性还是有待考量的。

有的人则是“你点什么我就吃什么”，这种人往往存在感很弱，做事小心谨慎，从众心理较强。可能别人的一句话，就会使他们放弃自己最初的选择。其实在他们心底深处埋藏的，是一种讳莫如深的不自信，导致他们在人前表现出的多是随波逐流的行事方式。

拿着菜单犹豫不决的人，平时做事多半小心翼翼，可谓“如临深渊，如履薄冰”。这种人很懂得考虑他人的感受，也善于接受别人的意见。但是没有主见也是他们存在的弱点，这会使得他们遇事优柔寡断，犹豫不决。

点起菜来有如风行水上、干净利落得令人惊叹的人，则有很强的竞争心理。他们往往是急性子，做事喜欢不落人后，颇有领导者的气魄，但是他们思考问题往往欠周全，做事独断专行且有多疑的倾向。

有的人点菜时可能会先说出自己的喜好，有的人则会先询问他人喜欢吃什么。前者多半性情直爽，心地磊落光明，不存芥蒂，有时还会“刀子嘴”。后者则善于照顾他人，待人亲切随和，做事有条理，主次分明，但如果是问过之后依然点自己的菜，那就意味着这个人是以自我为中心、我行我素的人。

有些人则会以价格为参照来点菜，这类人一般都比较理智圆滑，考虑事情总能全面周到。面对这样的人，我们可以试着与之交往，但是不宜全部交托自己的信任，毕竟对方处事圆滑，更多的时候还是会为自己考虑，因此，我们自然要为自己留好后路，避免在猝不及防的情况下受伤害。

有些人专挑最贵的菜点，如果是在别人请客的场合，那么这种人会有些爱占小便宜的心理，心胸比较狭隘，而且不会考虑他人的感受。这样的人总是想着获取本不属于自己的东西，因而不宜和他们有过多交往。而专挑便宜菜来点的人，我们一眼便知他们很吝啬，做事自然没有大格局，在细节上也会偷工减料，不太适合作为合作伙伴。

还有人一点就是满桌子的菜，不考虑是否能够吃完的问题。这样的人心理尚处于幼稚阶段，如同小孩一样什么都想得到，缺少缜密周全的思考，而且多半不知变通。

那些先让服务生推荐店里的特色菜肴，然后再做决定的人，往往有强烈的自尊心，不会人云亦云，懂得坚持自己的主见。他们做事积极，追求不同凡响，同时又能兼顾双方的感受，把人际关系处理得相当协调。

口味偏好是一个人内在喜好的映射

幸福心理箴言——→ 济慈

些微的甜味能消除偌多的苦涩。

饮食是一门学问，且不论在中国人心目中的“色香味俱全”，只口味这一项，就足以窥探一个人的内心世界及其秉性。

台湾诗人周梦蝶老先生，生前喝咖啡有个习惯：一杯咖啡要加六包糖。他的一生各种辛酸苦楚难以向外人道来，丧父、丧母、丧妻、丧子，可谓千劫历遍。有人说，大概正是因为老先生的一生太苦了，所以他才如此钟爱甜食吧！

口味偏酸的人，往往有着强烈的事业心，“温水煮青蛙”与他们基本无缘。所以永无止境地超越自己已然成为他们的人生目标，但是这种好强的个性也往往使得他们生活在“高处不胜寒”的孤独之中，偏偏遇事又喜欢一条路走到黑，不撞南墙不回头，故而在生活中也极少有知心密友。因此，与他们交往时，不妨积极主动一些，言谈中多一些委婉，避免针尖对麦芒，否则会让他们心存芥蒂。

钟情于甜食的人恰如这种口味一样，他们表现得温文尔雅。历史上有一位诗人嗜糖如命，以至于在外漂泊身无分文的时候还要敲了自己的金牙去换糖吃，这个人是诗僧，也是情僧，他就是苏曼殊。爱吃甜食的人多半性情温和，就如前面说到的周梦蝶老先生，终其一生几乎没有和人吵过架，甚至没有高声讲过话。当然这样的人也有保守的一面，做事若没有十拿九稳的把握一般不会贸然行事。如果放在日常的柴米油盐中，多是精打细算过日子的好手。

喜欢吃辣的人的性情也如辣味一样热情似火，爽朗大方。但是我们不要轻易触碰他们的底线，否则他们的脾气就会瞬间像火山一样喷发。他们多喜欢寻求刺激，过于平静的生活会令他们觉得寡淡无味。

喜欢咸味的人多半不怕吃苦，正如那句俗语：“吃得咸鱼抵得渴。”说到咸鱼，可能我们想起的会是过往年代穷学生离家求学时，母亲会给他装上一罐咸鱼或咸菜。其实，这样的人往往成熟稳重，做事有自己的计划，有条不紊。而且待人和善，容易接受别人的建议，虚心受教，颇有悟性，工作富于冲劲。

喜欢吃烧烤类食物的人一般做事专注，积极上进。想必大家都记得《红楼梦》里贾宝玉和史湘云要了一块鹿肉烤来吃，而且还打趣：这东西虽然看似很脏，吃了却是绣口锦心，才能做出好诗来。当然我们可以自动设想一下这两个人一边烤着鹿肉一边陶醉在吟诗作对的场景中。不过不太好的一点是，这种人往往有些急躁，而且灵光一现之后又缺少当下付诸行动的魄力。与这种人交往，显然需要我们多费心，不仅要有度量，还要能够适当地给他们以激励。

喜欢吃生冷食物的人多半干练果敢，铁面无私，不讲情面。这类人的“狠”体现在面对重要事情需要抉择的时候，会比常人更加有决绝的魄力。但假如我们受到不公的对待，那么他们在手有实权的情况下会毅然帮我们伸张正义。

饮食口味过重的人多半成熟稳重，勤恳负责。不过他们和上一类人有些相似，就是铁面无私的时候真的会不念情面，在人情关系的处理上，他们更多保持的是一种冷静理智的淡然。倘若触犯了他们的底线，那他们定会毫不留情。当然我们没必要因此就对他们避而远之，只要掌握合适的时机与分寸，依然可以达成愉快的交流与合作。

有些人饮食唯好清淡口味，不喜荤腥油腻。这样的人一般都善于交际，而他们自己也会从人际关系中找到人生的诸多快乐。与他们交往其实很容易，因为他们通常不会显得居高临下而让人产生距离感。不过也因为朋友太多，他们会有一定的依赖性，不喜欢独自完成任务，这也说明他们内心缺少自信。不过整体来说，与他们交往不需耗费我们太多的心力，只需顺其自然即可。

把盏更酌，酒杯中见人品

幸福心理箴言——→康德

酒会使嘴轻快，但酒更会打开心灵的窗子。因而酒是一种道德的，使人吐露心腑的东西。

俗话说的“酒品见人品”真的有科学依据吗？事实上，一个人喝酒时的行为表现恰恰可以反映出这个人的人品。那么在把盏更酌之间，我们也不妨调动起敏锐的观察力，更全面地去了解对方的内心。

第一，对方饮酒的种类会传递出这个人的微妙信息。喜欢喝啤酒的人社交能力一般不会太差，朋友众多，也易于获得他人的好感；如果是威士忌加冰，那么这个人则比较现实，善良坦诚，是非分明；而喜欢红酒的人多半不算浪漫，却很务实，一般会以稳健的步伐去追求经济利益；爱喝白葡萄酒的人对未来多满怀憧憬，但有时会在细节上疏忽导致错失良机；钟爱鸡尾酒的人善于接受新鲜事物，也懂得如何为生活增添情调；喜欢喝香槟酒的人多半难以忍受平淡如水的生活，他们追求华贵与刺激，会显得格外挑剔。

第二，如何通过对方享受一杯酒了解其性格，也是有学问的。有的人习惯一饮而尽，多是性情豪爽；有些人则看敬酒人的身份，这种人会有些势利；有人索性滴酒不沾，如果不是需要遵医嘱就是确有实力，而且他们往往很善于观察他人。

还有人是拉着朋友一起去解闷，然后将自己灌得酩酊大醉。这样的人性格内向却又比较坚强，但是习惯逃避感情上的问题。还有人会选择在路边独自小酌，喝到微醺之时再慢慢回家。这种人多是遇到了挫折或烦恼，他们踏实本分，习惯波澜不惊的安稳生活，与他们说说家长里短再好不过。还有一类人，他们每天要来一小盅，如诗人舒婷回忆她的外祖父一般，酒到微醺，嘴唇上的小胡子一翘一翘的很有趣，乜斜着醉眼看两个外孙女风卷残云般“打扫战场”。这样的人懂得享受生活，即便粗茶淡饭，他们也不会少了情趣。与他们交往，当然要少谈公事为佳，以免破坏轻松氛围。

第三，席间如何劝酒也见一个人的品性。有的人自己喝酒爽快，但不强求他人，一般懂得体贴他人；有的人一定要拉着对方一起喝，多是不甘寂寞的类型；有的人自己喝得极少，却一杯接一杯地劝人喝，这种人喜欢玩点儿小聪明，不见得有大智慧；倒是不要怪那些劝我们“少喝点”的人扫我们的兴，虽然琐碎，却是以淳朴真心对人好，最懂得关心他人。

第四，一个人醉酒后的表现会凸显其心理特征。有些人平时沉默寡言，醉意上来时，却滔滔不绝，甚至开始胡言乱语，这种人多半比较消极，平时又没有宣泄的机会。面对他们的话，我们听听即可；醉后倒头就睡的人倒是更富于自制力。他们一般性情随和，难得和人吵架生气。面对这类人，我们大可放心交往。

水果是传递心灵感受的使者

幸福心理箴言——→雪莱

蔬果乃是无上的美味。他不再需要连续不断地去操作和毁坏各种器官，以求从它们那里获得满足。

心理学家通过研究发现，喜欢吃不同类型的水果也可以反映出人们不同的心理。比如，宋朝皇帝前往李师师那里，被词人周邦彦爆了料是“纤手破新橙”，我们姑且认为是李师师偏爱橙子，事实上这种水果代表的聪慧内秀，其实也正与李师师的性格相吻合。

喜欢香蕉的人多数外柔内刚，很在意自己的形象，不过有时也难免会因任性而令人头疼。他们社交能力也不差，对待工作态度积极向上，富于独立自主的个性。

爱吃草莓的人一般开朗热情，知足常乐，而又充满自信，不易忌妒他人，懂得与人相处。不过这类人会缺少恒心与耐性。

也许与葡萄玲珑剔透的外形有关，喜欢吃这种水果的人一般善于交际，而又不会锋芒毕露。他们会将自己保护得很好，但同时做人不够积极，会给人留下冷漠的印象，很容易陷入孤独。

喜欢吃樱桃的人往往格外优雅，他们对时尚自有见地。但这类人的行动力不强，热情总是停留在口头上。这种人容易感到寂寞和孤独，需要别人多给予他们一点儿关爱。

爱吃梨的人多半才华横溢，做事执着而不轻易放弃。但是这也使得他们有时过于固执己见。他们谦虚、善良，有节制，有良好的自控力。而且他们不浮躁，更加务实，在团队中是很好的协作伙伴。

喜欢橘子的人善良温顺，有不错的亲和力，但有时会表现得情绪化。这类人一般重视家庭，喜欢和好友聊天，因而我们不妨做他们的倾听者。

爱吃橙子的人多半谦卑而低调，内心聪慧可人。他们更加注重内涵，低调内敛的外表下实际上可能正掩藏着一颗活泼灵动的心。

钟情于柚子的人一般自我意识很强，因此，我们最好不要将自己的想法强加给他们，否则以他们急躁的性情，可能会和我们翻脸。此外，这类人多半是运动健将。

喜欢苹果的人可以说是极为务实的人，他们一般做事踏实本分，冷静而有自己的规划，不怕吃苦，有强烈的自尊心，但也比较保守，有点儿故步自封。

爱吃桃子的人和身边的人一般有良好的关系，虽然不一定所有事情都能自行解决，但是他们常会有贵人出手相助。

喜食哈密瓜的人一般优雅含蓄，做事低调，值得信任，心中有自己的梦想，并为此而执着追梦，也会坚守自己的原则，有很强的上进心。

西瓜这类水果相对大众一些，喜欢它的人性情温和，极有耐心，极少怨天尤人，并且懂得关爱他人。不过物极必反，他们在这种情况下很容易失去自我。

喜欢李子的人多半个性坚强，不容易接受他人的逆耳忠言，原因就在于他们将面子看得很重。这类人虽然本性善良，但往往不易与他人相处，比较挑剔是他们的问题所在。

喜欢菠萝的人谦逊真诚，喜欢安静却又热情洋溢，富于想象力，渴望充满刺激与变化的环境。不愿被束缚的他们对人爱憎分明，第一印象往往就奠定了他们日后与人交往的基调，不免令人生出许多误会。

爱吃蓝莓的人，生性善良而又颇有艺术天赋，但是情绪易受外界影响而阴晴不定。因此如果他们突然变得低落，我们也不要感到过于奇怪。

喜欢火龙果的人一般不会相信宿命论，他们对待爱情和友情都会保持倾尽真心的坦诚。

喜欢柠檬的人则慷慨大方，富有幽默细胞。在他们身边待久了也不会感到有什么不自然，相反很放松、很自在，这样的人自然深受朋友们的欢迎。

买单的场景，帮你了解世态人情

幸福心理箴言——→佚名

喜欢主动买单的人，不是因为钱太多，而是把友情看得比金钱重要。

大家在外吃饭，如果不是AA制，那么必然要有一个人买单。这时谁买单就成了一个问题。聪明的女人，透过观察他人买单的场景，聚餐结束后对于每个人适合交往的程度大致也就心中有数了。

小月与她的丈夫是因为聚餐买单而走到一起的。那时候他在人群中还不显山露水，只是看起来最平凡的一员。但是每次聚餐过后大家都坐着不动的时候，往往是他抢先买单的。这一点引起了小月的注意。

后来，每次都让他结账毕竟不合理，于是小月也起身去买单。两个人就这样慢慢熟悉了，彼此都觉得对方是不爱占人便宜的实在人。如今两人相互扶持走过了婚姻的第十个年头，是别人艳羡的恩爱夫妻。

通过观察聚餐后的买单场景，聪明的小月找到了如意郎君，可见学会从买单中观察世态人情也是不可小觑的一项技能。

每到杯盘狼藉该结账的时候，就餐的人群就会表现不一。有的人直接抢着买单，这种人往往坦率真诚，是可以倾心相交的人选。

有一种人，他们虽然嘴上说“我来，我来”，但是每次最终买单的都不是他们。他们懂得礼貌性地谦让，却并非真心买单，这样的人往往处事圆滑，待人未必有十分的心意，只停留于“礼尚往来”的利益之交。不过他们并无恶意，只是平时喜欢占点小便宜罢了。与他们交往时，不要交浅言深，点到为止即可。

有人更为伶俐，在中途便会悄悄起身去前台买单，等到最后大家争相买单的时候，他们会淡淡一笑说已经付过账了。这类人处事稳重，自有长远的规划，也不喜欢占他人便宜。做事认真的他们对朋友也是以诚相待，与他们交往时不要玩弄心机，毕竟他们很多时候只是看破并不说破罢了。有事与他们协商时，我们最好开门见山，避免拐弯抹角。

结账时无动于衷的人多半有些吝啬，金钱在他们心目中的地位高于一切。虽然这种人会让人觉得自私自利，但是希望他们考虑别人的感受也并非难事。由于他们秉持利益至上的原则，所以与他们交往时也不宜深交。当然若没有必要的事情，还是敬而远之更稳妥一些。

心理小测试

通过品美食，测试你的人际关系如何

饮食不仅是生存的基础，还有着直指人心的功效。毕竟每个人都有自己的饮食偏好，所以我们可以通过一个人选择的美食看出他的人际关系和心理状态是什么样的。

想通过美食来测试你的人际关系如何吗？想了解的话，一起来测试一下吧！

心理测试内容

难得出国一趟，总要尝一尝地道的异国风味美食，毕竟每个地方都有其特殊的风味食物。

那么，东南亚、北欧、美国和日本这几个地方的代表美食，哪一款最让你难忘呢？

A. 美式汉堡薯条

B. 日式怀石料理

C. 瑞士芝士火锅

D. 东南亚咖喱鸡

心理及性格解析

A. 美式汉堡薯条

你的性格十分爽快，遇到尴尬的时候，即使当时你再怎么难受，但很快你就会像没事儿人一样，泰然自若地与人谈笑。因为你不会将不愉快的事闷在心里，不容易计较得失。因为你神经实在太大条了，但有时也会让人怀疑你的心意。但由于神经大条，对很多事情采取不计较的态度，这也可以说是一种幸福吧。

B. 日式怀石料理

你的脸皮很薄，十分爱面子，所以别人最好也别让你陷入难堪的窘境，否则你会为了面子而不惜和对方撕破脸。你希望大家根据你的脸色来预判情势，或者赶快打圆场，让你有个台阶下，否则你可能会让气氛变得很尴尬。

C. 瑞士芝士火锅

虽然你不爱出风头，但是当纠纷或麻烦找上门时，你的应变能力很强，会很从容地应对，不会跟对方起正面冲突。你善用幽默来化解纠纷，缓和冷场的气氛，也会转移话题，让大家的注意力不会继续集中在那件事上。

D. 东南亚咖喱鸡

因为你无法忍受在众人面前丢脸，对突发状况会耿耿于怀，会追根究底，希望当场解决问题。你会努力找出原因，为自己的失常表现平反。或者和出言不逊的人对质，坚持自己的说法，一直要等到最后的胜利才肯罢休。

第五章

了解对方爱好，有效拉近彼此“心”的距离

爱好虽是闲情，却更接近一个人的精神世界。因此，透过一个人的爱好，我们可以听见他心灵的琴弦在发出缕缕清音，至于是沉郁还是轻灵，则需要我们用心去辨识。

音乐中回荡的不只是旋律，还有心声

幸福心理箴言 ⟶ 门德尔松

在真正的音乐中，充满了一千种心灵的感受，比言词更好得多。

都说言为心声，其实一个人对音乐的喜好也昭示了这个人的内心，因为不同的人对音乐也是各有所好的。所以我们也要练就“听曲识人”的本事，或许一曲尚未听罢，我们就可以大体了解对方的内心世界。

《甄嬛传》里甄嬛吹奏一曲《杏花天影》，引来自称王爷的皇帝聆听，吹至“满汀芳草不成归”一句时，箫声呜咽，皇帝心细，问她是否想家了。甄嬛不便贸然回答，便用一句“曲有误，周郎顾”巧妙地避免了直接回答，也赞叹了皇帝的耳力之灵敏，洞察力之高明。

由此可见，音乐因其超越国界的魅力而成为可以直达人心灵深处的一条栈道。那么，对不同类型音乐的喜爱，代表人们怎样不同的心境呢？

对于有些人来说，他们更喜欢交响乐的高雅，感动于它的壮阔与恢宏。这类人往往是有着一定品位的艺术爱好者，而且更倾情于“阳春白雪”。但交响乐同时又是古典与现代的融合，意味着他们有一定的包容性。如果我们也深谙此道，可以多和他们探讨，但若彼此并不熟悉，也不妨直说，否则最终露出破绽反而会给自己带来尴尬。

另外一些人可能更喜欢听《天空之城》《秋日私语》或者班得瑞之类的轻音乐，这类人往往有着安静的性格，他们更加注重生活的品质，即便独处的时候也是富于情调。虽然平时在人前可能也会很活跃、健谈，但是他们始终会守护内心的恬静。与他们交往时，我们表现得越简单越好，在自然里返璞归真的向往将会成为我们与对方产生共鸣的绝好话题。

喜欢古典音乐的人，倾心于乐曲营造出来的庄严、宏大、深邃的氛围，更喜欢集中关注某个音乐家的作品。这类人往往有着丰富的艺术细胞，他们习惯安静的环境，对人友善诚恳，而又怀有强烈的责任感。虽然他们可能比较沉默寡言，但是假如我们能够安静下来，尝试与他们进行精神层面的交流，也有可能成为交情深厚的朋友。

还有人喜欢爵士乐，这是一种历史感与现代感兼具的音乐，不会归于沉重凝滞，也不会流于浮躁轻佻。喜欢这类音乐的人一般富于想象力，天资聪颖。

喜欢动感音乐的人常常感动于音乐中跃动的激情，同时也喜欢通过这种旋律来完成内心情绪的宣泄。平日里他们会表现得乐观幽默，喜欢张扬个性，于众人之中独具一格。所以无论对生活有什么不满，他们都会用轻松调侃的方式说出来。他们表面上心不在焉，实际上内心充盈着一种强大的力量，使他们足以战胜世间所有的挫折。与他们交往，自然不能过于古板严肃，而要给予更多的宽容，只要彼此愿意坦诚相待，以信任相托，合作将是一件愉快的事情。

当然还有一部分人喜欢流行音乐，他们往往有较强的社交能力，也懂得与时俱进，但是内心其实会有一些保守，习惯中规中矩地做事，绝少越雷池一步。

也有一部分人痴迷电子音乐，他们有时会表现出一种歇斯底里的状态，在那一瞬间感受着解脱的愉悦。

喜欢摇滚的人内心多压抑，所以借此来进行释放，在深度思考的同时，他们遇事易于激动却又显得胆怯谨慎，会让我们觉得这是“冰火两重天”的性格。但正因为如此，他们的个性才愈加鲜明。

喜欢民族音乐的人往往痴迷于传统文化，在源远流长的历史长河中，他们努力去追寻自己灵魂的根。他们多半带有出世的超然与宁静，交往起来有一些距离感。在这种情况下，我们就要努力尝试走入他们的内心世界，与他们产生心灵的共鸣。

从阅读的偏好窥见对方的性格

幸福心理箴言 ⟶ 罗曼·罗兰

谁都不会死读一本书。每个人都从书中研究自己，不是发现自己就是控制自己。

一个人读过的书里藏着他的心理密码。《挪威的森林》里的一个情节就可见一斑。

主人公渡边彻读书的时候，同学永泽走来发现他读的是《了不起的盖茨比》，而且还读了三遍，觉得他是一个值得做朋友的人。因为永泽很看重一个人的阅读品位，认为从中可以看出这个人的思想层次，他认为懂得读不一样的书的人更明白对自己的人生负责。

如果想了解一个人，我们也可以去看他读的书，书籍虽然不会说话，却能折射出主人的内心世界。

喜欢捧着历史书籍慢慢钻研的人往往极为务实并且看重效率，他们不想将时间浪费在毫无意义的事情上，八卦消息更是与他们无缘。与他们交往时，当然要避免漫无边际的琐碎闲谈，否则他们会将我们看成无聊浅薄的人。

喜欢看传记的人一般胸有大志，希望攀上成功的巅峰。但他们也比较脚踏实地，不会奢望一蹴而就的成功。这样的人做事往往经过深思熟虑，城府极深。与他们交往时记得要保持自己的独立，否则会被他们的影响力洗脑。

那些捧着厚厚的大部头图书钻研的人多数属于学院派，对于世间万事万物有着追根究底的热情，擅长透过现象看本质。这种人做事认真，所以我们要避免将一些没有真凭实据的东西讲给他们听，这样会招致他们的轻视，因此，能得到他们敬重的，多半是有真才实学的人。

喜欢读青春言情小说的人一般感情丰富而内心单纯，很容易为书中的情节打动而落泪，但是也很容易沉溺在幻想世界里无法自拔；喜欢读科幻、侦探小说的人多具有强大的抽象思维能力，有着缜密的逻辑和丰富的想象力，他们总喜欢挑战别人认为难以企及的目标；沉浸在恐怖小说世界里的人一般内心压抑或者有巨大的生活压力，喜欢从书中寻求释放与发泄的通道；抱着喜剧小说乐不可支的人，则是十足的乐天派，烦恼或者挫折对他们来说很难近身；喜欢阅读世界名著的人则注重建立书中与书外两个世界之间的沟通，这样的人往往在阅读和人生中都具有极高的品位。

喜欢看报纸的人更关注国家大事，在现实中既懂得脚踏实地，又懂得与时俱进。但如果是财经报纸整日不离手的人，一般有着很强的竞争心理，他们是不甘居人后的。

喜欢看杂志的人一般有着浪漫的特质，却又有些爱慕虚荣。喜欢关注时尚杂志的人多半有着爱美之心，在追赶潮流的过程中从不松懈，也会格外在意自己的形象，但是容易好高骛远，在与他们交往时，需要让对方感受到我们在审美上与之有所共鸣。此外，喜欢看财经杂志的人思维缜密，竞争与防范的心理会很重，与他们交流时最好还是用翔实的数据来说话。喜欢生活类杂志的人对于生活质量极为重视，非常顾家，致力于让家庭充满温馨的氛围，因此，与他们交流时不妨多谈谈日常生活中的小事。

闲暇时喜欢捧着一本诗集慢慢品读，这样的人在阅读之余也会有自己的创作，平时甚至有可能出口成诗。他们天生有着诗人的气质，沉醉于生活和大自然的怀抱中流连忘返。他们有着开放却又含蓄的性格，情绪化使他们的心思显得极为扑朔迷离，令人难以捉摸。

喜欢看漫画书的人一般有着外向的性格，学习对他们来说可能是个苦役，但是玩起来他们可比谁都不会逊色。他们多向往自由自在的生活，所以若想和他们交往，千万不要太过于唠叨，否则对方会不胜其烦。

喜欢看画册和影集的人对生活充满热情，热爱丰富多彩的世界，也格外重情。他们的存在会给生活平添许多情调，也很容易和他们成为好友。不过这类人有一些惰性，尤其不喜欢动脑。和他们在一起时，我们可以简单一些，偶尔也可能需要替他们多考虑一些事情。

通过一个人喜好的电影猜透他的心

幸福心理箴言 ——→ 奥利弗·斯通

我相信电影可以有百万种不一样的主观见解。

“戏如人生，人生如戏。”虽然这话读起来带点儿诗意，但是从心理学的角度来看，这话是有一定科学道理的。作为戏剧表现形式之一的电影亦是如此。

电影对大部分人只是一种娱乐消遣，然而通过仔细观察，我们会发现不同的人喜欢的影片类型是不同的。其实电影里演绎的故事在观众的眼中恰是自己心灵世界的投影，正因为如此，相信有一千个观众，心中就会有一千种对《泰坦尼克号》的解读。

这天，小昕和小凡加完班疲惫不堪地走出公司，想起很久没看电影了，小昕便提议去看电影放松一下，同时也为了庆祝她们的项目圆满完成。

“什么电影呢？”

“听说最近上映了一部史诗级的悲剧片，票房排名第一呢，想不想去看？”

“不看不看，咱们这加了一天的班，还花钱找虐啊？有喜剧片吗？”

“喜剧有，但是不出名。”

“那就看喜欢剧片，咱们今天出来不就是花钱找乐吗？”

“有道理，那咱们走吧。”

当她们俩在影院里从头到尾狂笑过后，才发现她们自己不过是压力太大，去看喜剧电影，找个借口宣泄内心的压抑罢了。

其实，从某种意义上说，电影在拍摄中演绎的是剧情，在观众心理演绎的是心情。因而，看电影的过程，无非就是人与自己内心世界进行一场对白的过程。如果真是从电影的艺术层面去分析，合格的观众恐怕寥寥无几。但是为何电影依旧能如此卖座，从某种程度上来讲，是因为它演绎了人们的心灵世界，说出了人们隐藏在内心的各种感受。因此，聪明的女性朋友们，我们可以通过他人喜爱看的电影类型来洞彻他们的内心世界。

有些人喜欢看动作片，看到演员身手敏捷、功夫不凡就会大呼过瘾，李小龙的动作片往往是这类人的心头好。喜欢看动作片的人会在心中营造出一个充满正义的世界，有逃避现实的倾向。但他们对于恃强凌弱的现象深恶痛绝，很多时候颇有“路见不平一声吼”的豪侠之气。他们富有责任感，如果是因为自己的原因出现失误，那么敢作敢当的性格会让他们毫不犹豫地主动承担责任。他们虽然多半侠骨柔肠，却又不善表达。与他们交往时，只要我们真诚以待，他们就会以最大的热情包容并接纳我们。当然，我们也需要有一定的正义感，才能使他们接纳我们。

沉迷于恐怖影片的人很可能是深感现实生活的单调乏味，觉得每天的日常如一潭死水，希望从电影中寻找新鲜和刺激，来为自己平淡的生活注入活力。这种人往往做事不稳重，过于浮躁，总是希望通过捷径一步登天。因此，与他们做朋友时，需要我们懂得去开发生活中每一个精彩的瞬间并及时分享，这样有助于拉近彼此的距离。但如果我们承受能力不够，还是不要去尝试恐怖影片。

喜欢喜剧片的人在生活中常面临压力，急于寻找一个发泄的出口。他们生活在理想与现实的剧烈撕扯之中，在丰满的理想和现实的骨感之中，他们无法调节自我，于是内心只会越来越压抑。当然想接近这类人，陪他们看电影无疑是一个不错的选择，但如果想走入对方的内心，还要看我们是否有帮他们化解烦恼的能力。

喜欢看爱情片的多半是青年人，这类人不管以往在爱情中经历过什么，他们总是对爱情有着期待与坚信。这样的人往往很重情，却又极容易在情海中陷入手足无措的境地。但他们对心爱的人总是能够无微不至地细心呵护，有这样的朋友也是一种幸福。与他们交往时，我们的心要细如发丝，并要倾情以待，这样才能走进他们的内心世界。

收藏这项爱好，也能看穿对方性情

幸福心理箴言——→张铁林

我不买自己看不懂的，我收藏的是令我感动的作品。

收藏看似只是一种爱好，一种生活情趣，实则还是一个人内心的映射，是性情的写照。喜欢收藏未必只是为了等待藏品升值，有时与之相伴的是内心的一种深情或怀想。

有位老先生专门去旧书摊寻找旧书，尤其是和四大名著相关的旧书。他不分珍本、善本还是残本，一律收藏。无论是市面上在售的版本，还是稀有的民国遗本，他几乎都有。

很多人不解他为何偏偏对旧版书情有独钟，他说："不同版本存在的差异，细细琢磨其实大有学问。”

就这样，每个周末，他的身影都会出现在旧书市场上，不管别人如何议论，他都乐在其中。

对于收藏者来说，收藏品的升值是他们的期望之一，但是更多的还是出于自己的爱好，而且收藏确实会潜移默化地影响一个人的思维与性格。就好比收藏古物的人会越来越沉静，而收藏奢侈品的人会身不由己地日渐奢华。因此，通过看一个人的收藏品，往往可以看出这个人的性情。

有些人专注于收藏旧物，比如旧衣服、旧报纸、旧玩具等，这类人往往有着强烈的怀旧心理。他们比常人更加重情，对于过往的记忆，他们也会念念不忘，以至于时常回味，沉湎于其中。但同时他们也更加珍惜当下，珍惜生命中的每一段经历。与他们交往，时间越久越会感到他们的可贵。

有些人收藏的物品比较大众化，比如邮票、明信片之类，这样的人性情随和，不会为小事而耿耿于怀，即便是偶有烦恼和困扰，他们也会以内心深处的乐趣来自我慰藉。不过有些收藏品也会透露他们心灵的寂寞、孤独或是人生经历中的某种缺失，这种情况就需要我们用慧眼去观察了。

喜欢收藏艺术品的人一般高雅有品位，不乏投资意识，而且也暗示着他们有充足的财力。这样的人往往是行家，但是平时不喜欢炫耀。然而由于家境的殷实，他们内心依然有一定的优越感，而且不甘居于人后。与他们交往时，只要不触碰他们的底线，对方就会很乐于合作。

也有收藏其他物品的，比如模型、糖纸、鞋子、刀剑等。这样的人一般很有自己的想法，透过收藏品可以发现其个性。喜欢收藏车模的人一般渴望财富与地位；喜欢收藏签名的人往往关注别人的人生轨迹，却很少去关注自己的生活；而喜欢收藏刀剑的人性情中有冲动的成分，容易与人产生矛盾。与这些人交往时，要想拉近彼此的距离有一个好方法，那就是多赞美他们的藏品。

还有一些人喜欢收藏服饰，或是集中于一个品牌，或是专注于某个民族的服饰。只要有新款服饰上市，他们就会迅速买来收藏。这样的人可以说既时尚又开朗，而且做事果断，不会优柔寡断。

另外有一些人，他们收藏的是理财产品，比如钱币。他们的收藏更多是为了保值或者升值。他们有着机敏的经济头脑，能够很好地把握时机，进而为自己赢得更大的利润。因而，与他们交往时，需要运用自己智慧的头脑，来了解他们藏品的相关知识，才可能与他们有共同语言，从而增进彼此间的交流。

不懂他的旅行，一辈子也变不成他的女神

幸福心理箴言——→蒙田

旅行在我看来还是一种颇为有益的锻炼，心灵在旅行中不断地进行新的未知事物的活动。

每个人的心中都有一个神秘的远方，召唤他为之前行，而性格又决定了一个人向往的方向。因而，从一个人选择的旅游地点也可以看出这个人平日的心理状态以及心性。就像三毛跑到荒凉的撒哈拉大沙漠去，恰恰印证了她内心渴望冒险的那一面。所以当别人可能还在听旅行归来的人讲述遥远圣地的风光旖旎时，懂点儿心理的聪明女人却早已从中获得了此人更深一层的信息。

许多人闲暇时会选择回归自然，去看青山绿水，流泉飞瀑，

或者体会农家小院“莫笑农家腊酒浑，丰年留客足鸡豚”的淳朴热情，找回怡然自得的心境。这样的人一般平时工作压力较大，希望在山水田园之间得到身心的放松。因而，与他们交流时，我们可以尽量选择轻松一些的话题，避免给他们的生活增添沉重的色调。

还有一部分人旅游会选择去其他城市感受不同的风俗人情。这样的人一般比较生活化，很接地气，很少和我们谈论一些高深的话题，因此，与他们交往时，谈论的焦点最好停留在生活的层面。

另外有些人会比较向往异域风情，有神秘城堡的地方是他们的首选。这些人基本上衣食无忧，生活安逸，体味一下古代国王富丽奢华的生活可谓是他们心底一个遥远的梦。他们虽然家境殷实，但是毕其一生可能都没有享受这种生活的机会，于是就借助旅游来使自己内心获得一丝安慰与满足。这种人向往国王般奢华的生活，一般占有欲极强，在情感方面也是如此。他们不会向别人低头，希望别人对自己臣服与膜拜。若想和他们交往，尽量不要起正面冲突，婉转地表达才能更好地走进他们的内心。

而喜欢去沙漠、险滩等地方旅游的人很多时候会被人视为另类，这样的人一般有着强烈的好奇心。无论是埃及的金字塔，还是撒哈拉大沙漠，如果没有一些冒险情怀，一般人是不会将其作为旅游首选的。这样的人在事业上往往具有决策能力，敏捷的思维又赋予他们随机应变的能力，犀利的眼光可以一眼看穿事物的本质。这种人确实容易成就大事，但一旦失手便会一落千丈。因此，与他们交流时，需要保持谨慎的态度以及独立的判断，尽量规避一些因合作投资带来的风险。

一个人在跳舞时会告诉我们什么

幸福心理箴言——→邓肯

舞蹈通过人体动作的表情来让人认识人体心灵的美和圣洁。

曾经有这样一句话："我喝的不是酒，是寂寞。"其实，从心理学的角度来说，我们可以把这句话演绎成"我跳的不是舞，是心情。"也就是说，通过一个人跳舞的类型和神态、动作，我们可以窥视这个人的内心。

大家一定还记得经典影片《泰坦尼克号》吧！就在露丝与杰克相识之后，杰克牵着露丝参加他们的舞会，在狂欢的人群里，他跳起欢快而又坚定、从容却不畏缩的踢踏舞。从那一刻起，露丝便已明白她遇到了生命中的真命天子。而在船撞到冰山的危难时刻，也确实验证了杰克对露丝的爱生死不渝。

没错，一个人随着音乐起舞的时候便是他不自觉地展示自己心性的时候。如果我们善于读心，在那一刻或许就可以找到与这个人最适宜的交流方式。

喜欢踢踏舞的人往往精力充沛，做事善始善终。他们有着强烈的表现欲，在遭遇挫折的时候，其坚持不懈的毅力会让人由衷地叹服。而且他们的时间观念极强，浪费时间对他们来说就等于浪费生命。他们善于随机应变，而又不会惊慌失措。与他们交往时，要严守约定的时间，一次迟到就会令我们在他们心里的地位一落千丈。

相信有很多朋友都记得电影《栀子花开》里四个女孩学跳芭蕾舞的故事，让人不禁生出无限慨叹。作为热爱芭蕾的舞者，他们往往是有丰富的创造性、超乎寻常的耐心以及团队协作精神。要想与他们成为朋友，就要尊重他们的自由，不去约束对方。

喜欢优雅的华尔兹的人一般沉稳而有原则，待人亲和，他们的气质里藏着相当丰富的人生阅历，因此愈发卓然不群，但他们的内心不轻易让人看穿。对于待人接物的礼仪，他们总是能拿捏得恰到好处，有着谦谦君子的风范。

爱跳爵士舞的人多半幽默而又坦率真诚，不拘小节。他们善于随机应变，总是能够恰到好处地帮人化解尴尬的局面。他们平时随性，风趣幽默，身边总是好友满座，因此不知道孤独为何物。虽然他们神经有些大条，但是与他们在一起会比较开心。只要与他们顺其自然地交往，就很容易成为要好的朋友。

运动锻炼不只是运动这么简单

幸福心理箴言——卢梭

身体虚弱，它将永远不会培养有活力的灵魂和智慧。

闲暇时，很多人都喜欢借助运动锻炼来放松或者保持体形。其实，在运动场上，只要留心观察，我们还可以看出一个人的性情。

通常，喜欢球类运动的人，他们对于生活往往有些不满而积郁于心，而在现实生活中又喜欢和人竞争，不肯落于人后。他们更喜欢成为领导者，凡事总是希望能够将主动权操控在自己手中。因此，和他们交往的时候，记得要给予他们足够的尊重，毕竟胜者的荣耀在他们看来有时甚至高于一切。

以打羽毛球为例，有些人习惯于吊网前球，说明他们平时为人豪爽正直、颇讲义气；而回后场球的人则多处事沉稳，处乱不惊；网前球与后场球来回变换的人则属于老谋深算的类型，多半是行家里手；喜欢扣球的人多给人一种不留情面的冷酷之感，但是做事从不拖泥带水；至于有些人喜欢虚晃一招，假扣真吊，这种人比较有心机，阴险狡猾。

还有一些人对搏击类运动可谓热血沸腾，这种人有着强烈的占有欲，却又对他人有着不同寻常的依赖性。如果和他们谈恋爱，他们在爱情里会是特别乖顺服帖的角色，对我们说的话心甘情愿地服从。

有些人很喜欢游泳，表明他们在爱情中更多地相信直觉，一旦真心相爱，他们会将对方呵护得无微不至。对方的一切在他们眼中皆是圣洁与美好的化身，对方的话自然如同圣旨一般。

对日常喜欢跑步的人来说，效率和报酬才是他们关注的重点。他们做事有条理、有计划，会为了自己预期的目标而奋斗不止。如果是平日居家生活，精打细算的他们一定会是一把好手。

热爱跳高、击剑等运动项目的人一般做事干净利落，斩钉截铁，不会在犹豫不决中耗费时间，重要的是他们心中往往洋溢着舍我其谁的自信。

爱好篮球、足球、排球等运动项目的人，则属于沉着稳重而又善于随机应变的类型，他们喜欢交友，在群体之中会找到他们的归属感。

喜欢太极拳、下棋等运动项目的人有良好的自律性，很少出现情绪化的问题，急躁与冲动基本与他们无缘。

此外，喜欢跳绳的人大都自信满满，而喜欢滑雪、溜冰的人则胆大心细，处事会比一般人成熟稳重。

心理小测试

平时喜欢穿的鞋子透露了你的心性

有人说，看一个女人够不够精致，最重要的是看她的鞋子，鞋子不光能够起到搭配的作用，它还能够从某个方面体现一个女生的性格。那么，观察一下自己或身边的朋友，平时都喜欢穿什么鞋，就能够知道你或朋友的真实心性。不信的话，一起来测试一下吧。

心理测试内容

观察一下你自己或身边的女性朋友，看看平时你或朋友最经常穿的鞋子是什么？

A. 高跟鞋

B. 运动休闲鞋

C. 长/短靴子

D. 凉鞋

E. 前卫鞋、厚底鞋

心理及性格解析

A. 高跟鞋

喜欢穿高跟鞋的女性，个性成熟大方，喜欢思考，头脑聪明。在生活及工作上比较尽责与努力，对周围的人事物要求比较高，但是因为想要的东西太多，有时会因为无法满足而脾气不佳。一般来说，这类人比较适合坦诚相对。因此只要对她们好，关心她们，如果她们觉得你是值得交往的对象，通常不会故意摆架子刁难你。

B. 运动休闲鞋

喜欢穿运动休闲鞋的女性，表面上看来容易相处，但是内心非常懂得保护自己，警觉心很强。外表好像很容易和男生打成一片，其实她们都把这些男生当成同性朋友一般，反而对于心里真正喜欢的异性敬而远之。一般人很难看出她们的心事，在坚强的防卫之下，其实她们有着非常脆弱的内心世界。

C. 长/短靴子

喜欢穿短筒靴子或长筒靴的女性，个性独立，爱好自由，爱表现自己，不喜欢被约束。一般来说，这类女性不是外表出众，就是聪明有能力，容易成为异性倾慕的对象。虽然看起来很容易接近，但是要成为她们的朋友，必须具有某种才华，并且要足够了解她们。

D. 凉鞋

喜欢穿凉鞋的女性比较自信，喜欢将自己美好的一面表现出来。一般而言，这类人人缘极佳，朋友也不少，异性对其也很有兴趣。不过有时候会对朋友要求较多，希望对方意见与自己一致，而且个性颇为固执，不易被说服。

E. 前卫鞋、厚底鞋

喜欢穿前卫鞋、厚底鞋的女性，爱好时尚，追逐流行，喜欢成为大家注目的焦点。虽然外表看来作风大胆，其实内心相当保守。她们可能不够自信，所以希望走在流行的前端以引起他人的注意。

第六章

懂得对方的心理，才能把话说到人心里

不是每个人都有三寸不烂之舌，但是怎样将话说到对方的心里是每个人都要学习的艺术。只有懂得对方的心理，我们才能知道如何说对方爱听的话。

不同开场白，代表不一样的内心世界

幸福心理箴言——→朗加努斯

思想充满庄严的人，言语就会充满崇高。

在人与人交往的过程中，许多人在切入正题之前都会先说一些铺垫的话，作为自己的开场白。为什么人们在交往过程中会有这种表现呢？开场白又能给我们传递什么信息呢？作为女性，如何通过对方的开场白来了解对方的品性和心理呢？

心理学家认为大多数人讲话习惯讲开场白主要是出于这个目的：唯恐听者不能很好地理解自己说话的意图，或者误会自己。

一般来说，不同性格的人通常采用不同的方式将谈话导入正题，下面就具体分析一下各类开场白所隐含的性格密码。

第一类，肯定式的开场白，表明说话者的自信和诚信。

这类人对自己所要陈述的观点充满信心，他们相信“说出的话就像泼出去的水”一样无法收回，因此，他们注重说话的实际意义。不难看出，对方是一个守信重义的人，没有把握时不会轻易许诺，但言出必行。

第二类，否定式的开场白，表明说话者的自我保护意识很强，执着而勇敢。

采用这种方式开场说话的人，大都懂得“最好的防御就是进攻”的策略，因此，他们的自我保护意识强烈，拒绝外力促使下的任何改变。他们有强烈的征服欲望，勇于接受挑战，是敢作敢当的人，但他们的执着常常是“不见棺材不落泪”的固执。

第三类，家常式的开场白，表明说话者沉着内敛，人缘极佳。

有些人为了拉近彼此间的距离或消除对方的戒心，常常以一种让人感到亲切的话题开场。这类人考虑问题细致入微，而且安静沉着，但并不是拘谨之人。他们看到别人快乐，自己也会觉得快乐。在聚会时，他们喜欢批评别人，纠正别人的不当，但不会强迫他人接受自己的观点。而且，他们能够做到设身处地地为别人着想，所以不会引起别人反感，反而会永远被周围的人所喜爱。

第四类，冗长式的开场白，表明说话者体贴他人的性格。

这首先是源于他们对人的体贴。他们把对方当作纤弱、易受伤害的人，唯恐过于直截了当的话语会使对方产生失落感。当然，他们也可能是担心如果不来个冗长的开场白便把要点向对方摆出来的话，对方会误会自己，否认自己的口才，给对方留下胸无点墨的印象。于是，越是想让对方充分了解自己的意图和愿望，他们往往就越是从枝到节、从末到梢来展开话题，自然，开场白也就越发冗长。

第五类，傲慢式的开场白，表明说话者的自卑和攻击性。

这类人能够做到“到什么山上唱什么歌”，他们是那种能根据环境而改变自己开场白的人。他们具有强烈的自卑感和攻击性，在他人面前好用狂妄的口气讲话，自我意识未能完全独立，而且缺失感强烈。这种为弥补缺憾的心理冲动在一定程度上失去控制时，就会以语气狂妄的形式进行发泄用以填补其缺陷。

第六类，猎奇式的开场白，表明说话者的猎奇心很重。

以这种方式开场谈话的人大都表现出的是支配者的形象。他们的谈话内容从不涉及自己或自己身边的人。这类人有强烈的猎奇心理，喜欢打听别人的隐私秘闻。在感情生活上，他们很关心对方，甚至极度热爱对方，其实对他们来说对方的隐私才是他们最感兴趣的。因此，他们喜欢把话题的重点放在跟自己完全无关的人身上，这说明他们的内心有一种支配的欲望。

自我介绍时，三言两语道出自己的亮点

幸福心理箴言——→于丹

人都有以第一印象定好坏的习惯，认为一个人好时，就会爱屋及乌，认为一个人不好时，就会全盘否认。

在初次见面的时候，许多人都会担心自己的自我介绍不够吸引人，等到介绍过后依然只是成为对方记忆里的一缕风烟，甚至不留痕迹。那么如何才能抓住对方的心理，让对方对我们从自我介绍开始就印象深刻呢？

曾经有一位父亲给自己的女儿取名“三三”，于是问题就来了。向别人介绍女儿的时候，该怎样解释呢？

这位父亲说："很简单，三在汉字中有广大、众多的意思，但笔画最简单。我给女儿起名的用意，就是希望她至繁而又至简，至繁的是人生，绚丽多彩；至简的是心性，纯真质朴。"

相信这解释对于他女儿来说，日后会是一个绝佳的自我介绍的版本。

当然，也不是人人都会起这样既简单又有深厚的文化寓意的名字。

有这样一位叫源婧的朋友，她的名字本来也不出奇，但是每次自我介绍都会引来大家的好奇："你该不会是特别喜欢金庸笔下的郭靖吧？"

"这个姓很少见哦！"

她很聪明地回答："没错，我是国内姓源的人中的两千分之一。这个姓如果是在日本的话，还有皇家的血统呢，有点儿类似于中国爱新觉罗这个姓。"结果这样一番介绍之后，大家对她印象深刻了许多，以至于之后有人遇到她还会直接打招呼说："爱新觉罗，你好！"虽然有点儿玩笑的意味，但是至少对方已经记住她了，不是吗？

自我介绍话不在多，关键是要精彩，且能抓住对方的心理。而对于女性来说，与他人初次见面时的自我介绍可以从这样几个方面抓住别人的心理。

第一，三言两语，打出自己的亮点。可以只有简短的一两句话，但是一定要展示自己的独特之处，这会给人留下深刻的第一印象。

有个女孩在网上的自我介绍可谓别具一格："女孩都是为爱折翼的天使，从此再也回不去天堂，我也是其中之一，不过可惜降落的时候出了点儿意外脸先着地，而回不去天堂则是因为体重坠住了我的轻灵。但幸运的是我还有颗善良的心。"相信在会心的一笑中，人们一定会记住这个女孩以及她的特征。

第二，注意态度，掌握适当的分寸。自我介绍的时候要简洁明了，呈现出自信的姿态，态度上要自然随和，给人一种落落大方的感觉。不能过于拘谨，也不要过度轻浮，否则别人刚对我们建立起的好印象可能就要毁于一旦了。

比如有位男士，他刚到单位入职，和小琴第一次见面的时候，就说："你好，我叫×××。你叫什么来着？你看上去好严肃的样子，有男朋友吗？”

结果使得小琴心中颇为不快，觉得这位男士过于轻浮。

第三，注意时机，自我介绍也要有眼力。不论正式还是非正式场合，如果对方正在忙碌、休息或者没有兴致的时候，就尽量避免打扰对方，以免产生尴尬。或者是在对方留意到我们时，我们可以借机向对方介绍自己，这样相信对方一定会印象深刻的。当然，时机的把握就需要我们根据具体情况来进行判断了。

第四，找对方法，自我介绍可以出奇制胜。一般向对方介绍自己的时候，要先点头致意，得到对方回应后再进行介绍。在符合礼节的情况下，可以适当给自己“加戏”，有时会起到出奇制胜的效果。

小琳是一位即将毕业的大学生，她去应聘一家杂志社的编辑，一同面试的还有两个女生。

小琳自我介绍之后对面试官说：“老师，我能谈一下对这个职业的理解吗？”面试官显然有点儿出乎意料，点头说：“可以啊。”

于是小琳侃侃而谈，谈到编辑在工作中对文字敏感度的重要性等。面试官听完不禁颔首赞许。于是，小琳顺理成章地成了三人角逐中的胜出者。

记住并巧解他人的名字，可能会出奇制胜

幸福心理箴言 ⟶ 卡耐基

记住别人的名字，而且很轻易地叫出来，等于给别人一个巧妙而有效的赞美。

不要忽略一个人的名字，因为它对这个人有着非同寻常的意味。就像有人曾经从汶川地震后幸存的儿童身上发现，原来用温柔亲切的声音呼唤他们的名字，有利于安抚他们在灾难中受到创伤的心灵。确实，一个人的名字不光是他的标志，有时候也是我们走进这个人内心世界的一把钥匙。

而我们在日常与人交往时，他人的名字有时恰恰是一个绝好的交谈切入点。如果大家不信，那就看看唐代大诗人白居易的经历。

当年的白居易也是一位文艺青年，一心期待能遇到伯乐。正好进京参加考试，就顺便带着自己的诗稿去拜访当时大名鼎鼎的诗人顾况。顾况扫了一眼诗稿上“白居易”三个字，看着这位年轻后生，打趣道：“长安的米价很贵，想要‘居’下去可不容易呢！”然而顾况翻开诗稿，读完我们今天熟悉的那首《赋得古原草送别》后，顿时肃然起敬，连连赞叹：“能写出如此好诗，别说长安，‘居’天下都不难了！”

你看，初次见面，顾况对“白居易”这个名字做了巧妙的解读，一来创造出轻松幽默的氛围，打消这位年轻人的紧张情绪；二来也从侧面表达出他对白居易诗才的高度赞赏。

在与人交往的时候，倘若我们能在一开始就注意到对方的名字并记在心里，或者给以适当的解读，使对方意识到自己的名字有着美好的寓意，不仅会增进对方对我们的好感，也有利于彼此接下来的顺利交流。

当然，记住对方的名字只是第一步。如果我们与对方曾经有过一面之缘，那么再次相见的时候，如果我们能准确地叫出对方的名字，对方会感受到我们极大的尊重，这样也会对我们产生好感。

可能有人会问：“我如果记不住对方的名字，怎么办？”那么答案是需要我们的用心。如果我们希望拥有良好的人际关系，那么就要适当地在一些小细节上分出一些精力来，比如从记住对方的名字开始。如果没听清对方的名字，我们可以请对方再重复一遍，不要认为这样做比较难为情，因为对方看到我们重视他的名字的时候，一种好感已经在心中悄然萌生了，毕竟大多数人在潜意识里还是更希望自己被他人关注和重视的。

记住对方的名字之后，下一步就可以动用我们的智慧，给对方的名字一个合情合理的分析和阐释，让对方觉得自己的名字确实自带光环。这就考验我们对文字的熟悉程度和掌控能力了。一般来说，拆字、谐音、联想、引申等都是解释名字的不错办法。

当年，漫画家廖冰兄在重庆举办漫画展，郭沫若、王琦等文化名人都应邀前去剪彩。席间郭沫若觉得廖冰兄的名字很有趣，就问他为什么取名时自称为兄。一边的版画家王琦接过话来："他妹妹叫廖冰，所以他就叫冰兄。"

郭沫若听完哈哈大笑，接着打趣："那我明白了，郁达夫的妻子一定叫郁达，邵力子的父亲一定叫邵力，是这样吧？"

此言一出，满座宾客无不捧腹，饭桌上顿时充满了轻松诙谐的气氛。

当然比较常规的例子也有不少，比如，遇上一位名叫"杨雨霏”的女孩，我们可以借来《诗经》中的“昔我往矣，杨柳依依；今我来思，雨雪霏霏”的句子，末了再加一句：“想必您平时也是一位诗意之人吧。”又比如，有人名为“由之”，这又可以联想到鲁迅先生的诗句“花开花落两由之”，这时候我们可以说“令尊一定是位博学深邃之人，平日喜欢读鲁迅的作品，所以用他的诗句给你取了这个名字。”这样一来，原本他人普普通通的名字就会因为背后的文化含义顿时鲜活起来，也会让对方觉得自己的名字有种熠熠生辉的自豪感。

懂得洗耳恭听，更易于被他人接纳

幸福心理箴言——→柴静

我打破沉默的方法就是忘记自己，去倾听他人心底的沉默。

相信看过影片《第三种爱情》的朋友应该会记得这样一个桥段：在致林集团招聘法律顾问的会场上，最终选中的是来自于名不见经传的晴天律师事务所的邹雨。其实她在上台时只讲了三点竞聘理由，最后一点就是："我们总是站在委托人的角度，全心全意地去聆听。"正因为这一点，让台下正襟危坐的致林集团的总裁林启正不禁心有戚戚，于是几乎是不容分说地将她选为集团法律顾问。

没错，懂得聆听、倾听，确实是人际交往中一种不可或缺的能力。而女人可能平时更倾向于成为那个倾诉者，导致很多时候人们会用“唠叨”“婆婆妈妈”一类词语来形容女人，甚至有的女人喜欢逞一时的口舌之快，与人发生冲突，从而在无形中使自己的人际关系变得糟糕起来。

而懂得倾听，往往会使我们更易于被他人接纳，因为这是对他人的一种尊重，进而才能换回他人的肯定，从而在不知不觉中掌握交流的主动权。

那么，我们应该如何去倾听对方的谈话呢？

第一，要保证对方“言路畅通”。在对方谈话的时候，让他尽量顺着自己的兴趣往下讲，我们可以时不时地用手势或者话语鼓励对方畅所欲言，也可以在中间停顿处插入自己的赞叹，这样对方会感受到我们对他充分的尊重。即便是对方可能在讲一些琐碎的事情，我们也要尽量保持沉默，让对方表达和倾诉的欲求得到满足，这是获得好感的开始。

第二，需要“洗耳恭听”。在听对方讲话的时候，我们要避免下意识地轻敲手指或者用脚打拍子，甚至是抖腿。同时，我们的眼睛要尽量看着对方的脸，但不是盯住对方的眼睛，这样会使对方感到不适甚至厌恶。而且我们还可以用眼神表达自己与对方感同身受。其实只要我们集中精力，全神贯注，以一个自然放松的姿态坐下来，不需要对方提高音量，我们就可以听进去每一个字。

第三，要学会及时回应。对方在说了很多话之后，可能会希望得到我们的回应，然后决定是否继续说下去。这个时候我们就要来一个及时回应，不要一直保持沉默，否则对方会误以为我们没有用心聆听。在中间的时候，可能只是简短的一两句话，比如“真的吗?”“后来呢？”，这些都有助于对方进一步展开话题，也会谈兴大增。此外，我们还可以适当地点头表示认同与肯定。

第四，要让对方“有隙可乘”。可能我们是去求对方办事，所以陈述了很多理由，以为自己说得越多胜算就越大，其实未必尽然。同样的，也不是我们将对方捧上神坛就可以万事大吉，其实大多数人一般都不会特别喜欢善于吹捧的人。所以我们也不要过分展示自己的伶牙俐齿，要让对方“有隙可乘”，即给对方留出说话的空间。在别人说话的时候，也要记得不要从中插嘴、打断对方的话，这也是一种不礼貌的表现。

第五，不要担心“好话不说三遍”。其实在倾听的时候，不论对方说的是“好话”还是其他，我们可以一边听，一边时不时地重复对方的话，带有某种试图确认的意味。这样对方会感受到我们在很认真地聆听，而我们也可以在适当的时候弄清某些不理解的地方。否则可能说到最后，当对方询问我们的心得感受时，我们却说不清或者理解错了对方的意思，这样就很尴尬了。

第六，要能听出对方的“话外之音”。不是所有人说话都很直白，有相当一部分人喜欢把话表达得略微含蓄一些。这时候我们就不能只听对方的字面意思，同时还要能听出他的“话外之音”。比如，周邦彦的《少年游·并刀如水》里，女子“低声问向谁行宿，城上已三更。马滑霜浓，不如休去，直是少人行。”大概意思是说，夜深人静，女子问对方在哪里住宿过夜，其实是委婉地下了“逐客令”。至于后来“不如休去”的挽留，则是女子矜持之后的另一种心思细腻。

第七，要把对方的话听全，避免断章取义。我们在聆听的过程中，要将对方的话听全面，避免只获取了一部分信息，导致“只见树木，不见森林”。否则，我们获得的可能只是支离破碎的信息，从而影响我们做出正确的判断，也给彼此的沟通带来障碍。

恰到好处的赞美才能攻心

幸福心理箴言——→ 列夫·托尔斯泰

称赞不但对人的感情，而且对人的理智也起着很大的作用。

“无论赞美与诽谤，平心静气地接受吧。”当年俄国诗人普希金写下的这句诗，至今在我们看来，仍然有很现实的意义。

一位秀才金榜题名之后，要到京城赴任。临行拜别，他的老师不放心，嘱咐他到了京城要谨慎行事。他一副胸有成竹的样子：“老师放心，对于这些事，弟子早有准备。”

老师不信：“你说来看看。”

“现在的人喜欢听好话，所以我就准备了一百顶高帽子，逢人就送一顶，这样麻烦自然不会找上我。”

老师听了，生气地教训道：“我以前不是教你做人必须正直吗？你把为师的话都忘到哪里去了？”

“老师教训的是。可是世道如此，像您这样不喜欢高帽子的能有几人呢？”听了这话，老师气消了，连连点头称是。

秀才笑了笑，想道：“现在一百顶高帽子就剩下九十九顶了！”

这个故事虽然有些打趣的意味，反映出来的道理却是朴实的：人们都喜欢听赞美的话。就连故事中这位老师也未能免俗。从心理学的角度讲，人们都有一种被尊重的需求，而赞美恰好能使人获得心理上的满足，这也成为我们与人交往时必须了解的一个关键。适当地多说一些赞美的话语，可以使对方心情愉悦，也有利于进一步建立良好的人际关系。

但是赞美的话也要掌握尺度，否则一不小心会变成虚假的吹捧。如果只是泛泛的赞美，而非发自真心，反而会让人觉得言过其实，给人一种不真诚的矫饰感，结果就会事与愿违。那么，我们应该如何把握赞美的尺度，将赞美的话说到对方心窝里呢？

第一，赞美要真诚，态度是基础。我们说赞美的话，目的是鼓励对方百尺竿头更进一步，是希望真善美的行为得以发扬光大。而不是抱有某种不可公开的目的，或者心中厌恶鄙视对方，却在口头上极尽逢迎，那就类似口蜜腹剑了。假如对方正遭受重大变故或者遇事不顺、情绪低落的时候，我们过分地赞美会让对方觉得我们说的都是溢美之词，从而产生警觉。

第二，赞美要言之有物才能打动人。假如我们只是空洞地赞美，那么对方会怀疑我们是否真的有感而发。所以我们在赞美的时候，要让我们的赞美有一个落脚点。这样的赞美会显得更加真实，也会给对方带来更大的快乐。比如，当我们想说对方今天的衣服很好看时，那我们可以说“我觉得您今天这件衣服的款式显出您身材的曲线格外优美”之类的话。否则就会被人觉得是在奉承她。

第三，赞美要找到对方突出的那个点。相信每个人都有自己最突出的优点，并引以为傲。每个人也希望自己的亮点引起别人的关注并得到认同。所以我们在赞美的时候，要记得找到对方那个突出的亮点，因为这是对方急切希望别人看到的地方。

第四，赞美的措辞要拿捏得当。在赞美别人的时候，语言的分寸也是要仔细斟酌的，倘若我们一时找不到合适的词语来表达，那么倒不如保持沉默，反而会避免用词不当带来的尴尬。比如，如果我们赞美对方“您今天这件衣服比昨天的好看”，就会被人理解为“昨天那件衣服审美太差”，虽然我们本无此意，但要避免对方会通过这种比较衍生出其他意思来。

反话说得好，以退为进赢得人心

幸福心理箴言——>培根

说话周到比雄辩好，措辞适当比恭维好。

当寻常路不易走通的时候，我们可以尝试一下不寻常的道路。有时候社交处世也需要如此。比如，我们明知一句话以常规思维来说可能收效甚微时，大可以试试“反弹琵琶”，即说反话。说反话其实是一种以退为进的策略，往往能够收到出其不意的效果。

柳波的烟瘾很大，家人都为他的健康状况感到担忧。柳波也很想戒烟，可是一直没能成功，经过几番努力之后，柳波有些灰心丧气，打算放弃戒烟。

一天，有朋友到柳波家里来拜访。谁知朋友刚进屋坐下，柳波就自然而然地拿出烟来，准备点上。看到这种情况，朋友摇头一笑。这时候，只见柳波的妻子孙悦立刻说道：

“你知道吗，柳波？我听人说抽烟有不少好处呢！”

“是吗？说来听听！”柳波的眼睛中充满了期待。

“第一个好处是省衣服，抽烟的人身上烟味那么大，几天不换衣服也不怕被人闻见汗臭味；第二个好处是防蚊虫，烟味那么冲，把蚊虫都给熏晕了，它们都得躲得远远的；第三个好处，也是最大的好处，那就是能防小偷，你想啊，有些抽烟的人经常是不分昼夜地咳嗽，小偷以为他没睡呢，还怎么敢偷他的东西呢？”说完，柳波和朋友哈哈大笑起来。

但很快，柳波感觉非常羞愧，他不好意思地放下手中的烟，暗暗发誓一定要把烟戒掉。

柳波的妻子没有直接劝诫柳波，而是用正话反说的方式，借助幽默的语言给柳波上了一课。这样一来，柳波不仅不会尴尬或反感，反而会以一种开朗的心态接受妻子的规劝，从而下定决心要戒烟成功。

心理小测试

在什么情况下你会说话口无遮拦

如果一个人只顾发泄自己的情绪，说话往往口无遮拦，那么就会很容易毁掉他苦心经营起来的人际关系。在碰到什么事情时，你会说话口无遮拦呢？下面这个小测试可以告诉你答案。

心理测试内容

1. 当发泄完愤怒情绪后，你可以很快平静下来吗？

是→2

不是→3

2. 在生气的时候，你会口无遮拦吗？

会→3

不会→4

3. 你是一个相当能忍的人吗？

是→4

不是→5

4. 你讨厌烦琐无聊的工作，经常没办法集中精力吗？

是→5

不是→6

5. 每天你都是一副疲惫的状态示人吗？

是→6

不是→7

6. 你经常会担心一些可能发生的事情吗？

是→7

不是→8

7. 你不喜欢玩数字游戏？

是→8

不是→9

8. 在说话前，你总是不会多考虑一下吗？

是→9

不是→10

9. 在家里和在外面，你是两种不同的性格吗？

是→A

不是→B

10. 你会时刻站在别人的角度考虑问题吗？

是→C

不是→D

心理及性格解析

选项A：与人交流时，你的心理素质有待提高。多数时候，你可以保持淡定，不会随随便便顺着别人的意思走。但是，当你遇到比你气场更强大，比你更厉害的人时，对方说什么就是什么，你会表现出一副毫无主见的样子。

选项B：当工作中你犯了错误，或是出了纰漏时，你会说话不经大脑。这时你会显得很没有信心，你所说的话都是脱口而出，做什么事情也没有认真考虑过，偶尔会让你错上加错。

选项C：当你在面对喜欢的人时，偶尔会说话口无遮拦。你因为不自信或者担心自己不够好而令对方失望，从而会变得语无伦次、口无遮拦。其实，你完全没必要那样想，给自己平添紧张感。

选项D：你是一个谨言慎行的人，能够控制好自己的情绪，不管遇到什么事情，除了去想自己应该怎么做，你还会站在别人的角度考虑问题，照顾别人的想法。你一般不会说话不经大脑，所以，你不太可能给别人造成伤害，也不会被别人的负面情绪影响。

第七章

懂点儿职场心理学，事业节节攀升

要想做一位成功的职场丽人，自然要懂很多职场心理和社交技巧，比如怎样应对上级才能游刃有余，如何与同事相处才会左右逢源，怎么安排下级才会心悦诚服等，这些都是职场女性需要了解掌握的技巧。

完美不一定是好事，请给上司指导的余地

幸福心理箴言——→丘吉尔

完美主义等于瘫痪，苛求完美只能造成残缺。

身在职场的每个人都希望尽可能地将自己的工作做好，然而将工作做到极致并非一件好事。

小悦在单位做人事工作已经五年了。她做事认真，能力极强，却始终不见其升职。相反的，工作能力不如她的很多同事都得到了提拔。

原来小悦虽然很能干，但是很多时候她并不顾及上司的感受。每次负责整理会议记录，小悦都是直接交给老板，而不经她的主管

过目，原因是老板非常欣赏她文案整理的功底。其他部门找她做事，她也从不请示主管就接下任务，虽然她得到了大家的好评，但是难免会令自己的主管很生气。

一次，主管准备购买投影仪，让她了解市场行情，做个价格比较。结果她进行多方比较之后，自己做主就订了货，而且还准备了一大堆理由，表明自己做事有多么完美。

其实，在职场中，我们如果把事情做得尽善尽美，不需要上司的指点，那么就等于没有给上司留出指导的余地，这样反而不会得到重用。因为当我们将事情做到完美的时候，上司的作用已经体现不出来了，他们也无法展示作为上级的才干，而我们则无法得到改善或进步。因此，身在职场，不要害怕出现错误，其实这样正是给上司施展指导才能的好机会，从而让他们富有成就感。正所谓有不足才有上升的空间，当我们一步步成功进阶之后，上司也可以骄傲地说“这是我一手培养出来的”，在人前也是一项夸耀的资本。这样，就可以有效满足上司的成就感和虚荣心，让他们更加看重并指导我们，何乐而不为呢？

因而，身在职场，我们可以聪明能干，但是不妨有意留下一点儿无伤大雅的瑕疵，给上司一个指导我们的机会。

古时有个大臣给皇帝上奏章的时候，常常会有一两个错字。每次批阅奏章，皇帝都会把错字圈出来并进行改正。时间长了，这位大臣每次都习惯写一两个错字让皇帝来改正。皇帝也并不怪罪，反而每次都笑吟吟的。

这个大臣可谓抓住了皇帝的心理，毕竟皇帝也是人，他也会有虚荣心，而给皇帝一个帮助大臣改错的机会，也是意味着皇帝比自己能力更强，这样皇帝心中会油然而生一种满足感。

在平时的工作中，我们不妨经常和上司多多沟通，虽然这样会暴露自己的一些缺点，但同时也是给上司留出了一个“指点下属”的机会，这样上司会更容易注意到我们的进步，同时也给他们增添存在感。

面对“多头管理”，不做“夹肉馅饼”

幸福心理箴言——→尼采

兄弟，如果你是幸运的，你只需有一种道德而不要贪多，这样，你过桥更容易些。

在职场工作，倘若你被多个领导同时下达不同的命令，这时就要颇费脑筋了，一不小心，就会成为“夹肉馅饼”。

其实，这就像一个人手腕上戴着两只手表一样，他无法知道哪只表的时间更准确。因此，当我们面对两个或两个以上的领导同时下达指令时，我们往往会无所适从，不知道该怎么办。

当领导确实不止一个的时候，该怎么办呢？这就是考验我们智慧的时候了。

公司由于扩大规模要更换办公室，这本来是一件皆大欢喜的事情，孙经理和张经理却为此争得不可开交。

原来两个人纠结的点在办公室的装修问题上。孙经理觉得新办公室要考虑员工的办公舒适程度，而张经理却认为应该将对外形象做好，打出公司的门面来。

此时下属有两位执行者：小徐和小李。小徐性情直率，直接开口支持张经理的观点，以至于和孙经理直接吵了起来。

张经理看到这一幕，心中不禁多了几许思量：小徐现在敢跟孙经理吵，谁敢保证他日后就不会和我吵呢？再说，自己如果因此提拔了小徐，那岂不是给孙经理难堪吗？于是，他决定做个顺水人情，直接将小徐开除了事。

另外一位下属小李知道两位领导的争执，也理解双方的观点和理由，但是旁观者清，她知道一旦贸然地支持其中任何一方，都会成为领导争执的牺牲品。于是她提醒同事们千万不要卷入争斗的旋涡，她自己也积极寻找解决的办法。

她在公司内部发了一份通知，让大家就新办公室的装修问题发表自己的意见，当然她已经根据张经理的意见整理出一份装修设计案，会议中大家针对这个方案进行了讨论。她详细地记录了各个部门的想法，并同时抄送给两位领导。

在看完各部门的想法汇总后，孙经理只能决定将装修的事情暂时延后。由于各个部门也在力图为自己争取利益，张经理也认识到应该将员工的感受考虑在内。

最终，小李适时地综合了两位领导的看法和各部门的意见，提交了一份新方案，在节约经费的基础上，兼顾了对外宣传和员工舒适办公的要求，得到了两位领导的一致好评。

在办公室里，这种“多头管理”的情况并不少见，下属往往会成为这种办公室政治的牺牲品。作为女性，如果不想成为受害者，就需要保持冷静超然的立场，避免擅作主张，随意站队，否则最后只能由我们自己来吞咽苦果。当多位领导争执不休的时候，为了避免轻易表态而得罪其中任何一方，最好是请他们内部先达成统一。

在具体处理的过程中，我们需要给领导提供必要并全面的信息以及善意的提醒，分别和他们私下里提出另一位领导意见的合理之处，并进行综合，加上自己的见解，使他们能够全面考虑实际的情况以及对方的意见。总的来说，遇到这种情况，逃避和胡乱站队都不是解决问题的办法，我们需要采用正面的积极思维去面对多个领导，才能化解这种尴尬处境。

初来乍到，切莫交浅言深

幸福心理箴言——→苏轼

盖未信而谏，圣人不与；交浅言深，君子所戒。

相信作为职场新人，我们在最开始总会有些无所适从，而此时如果有人向我们伸出援手，那么我们很容易对这个人加倍感激。但是感激归感激，不要因此就同对方推心置腹。

正所谓："交浅而言深，既为君子之所忌，亦为小人之所薄。"毕竟我们与对方交往不深，对他没有深入的了解，况且办公室里多是工作上的利益关系，所以不要随便将自己私人的一些事情或看法和盘托出。

由民企跳槽进入一家中美合资企业的小菁初到新单位，难免会有不适应。正在她为难之时，小玲适时地出现了。

小玲与小菁都负责财会工作，作为一个老员工，小玲将一些工作技巧倾囊相授，甚至忙完了自己的工作后，还会帮助小菁分担一部分任务。在小玲的帮助下，小菁很快就适应了新单位的工作环境。

很自然地，小菁觉得小玲这个人热心善良，感激之余也将她看成了自己的好姐妹，两人每天形影不离，无话不谈，包括自己对主管、同事的一些私下里的看法，小菁也毫无保留地告诉了小玲。

但是时间长了，小菁发现办公室里有些异样，大家总是背着她说一些话，看见她了便立刻归于沉默。小菁有点儿丈二和尚摸不着头脑，便问小玲，小玲说她也不知道是什么原因。

两个月的试用期过后，公司并未正式录用她。小菁不解，就问主管自己哪里做得不够好。主管便告诉她是人际关系，并且把小菁背地里说领导、同事的一些“坏话”列举了出来。小菁听完惊得一身冷汗，这些话自己是说过，但是只和小玲讲过，应该没有其他人知道。

出了主管办公室的门，小菁打算找小玲问个清楚，可是小玲并不在办公室。原来她那天早上和经理出差去了，一周之后才能回来。

办公室里有几个同事于心不忍，便悄悄告诉了小菁实情。原来小玲将她说的话都添油加醋地告诉主管了。小玲这个人嫉妒心很重，生怕小菁未来会超过她，办公室里的人都不会和她走得太近。不明就里的小菁正是因为对她过分信任才吃了这个亏。

同样身在职场，谁不希望早日获得晋升、跃居人上呢？然而，办公室里难免会有一些利益的纠葛，而每个人心里自然都有一个小算盘，同事之间工作上会有竞争，而上下级之间也有不可言传的微妙心理，常常会存在一种隐形的对立关系。既然利益是办公室里绕不开的一个话题，那么我们需要有保护好自己的能力，避免不慎卷入争斗的旋涡而成为牺牲品。

办公室里的同事关系可以很好，但是我们也要注意不能任何事都对他们坦白，毕竟每个人都有自己的隐私空间，因此，对方若非自己多年的知己，还是注意为自己适当保留一些秘密为好。

总的来说，在职场中，“交浅言深”可谓大忌，如果我们与同事没有足够长时间的接触和深入的了解，那么请记得将自己或别人的秘密保护好，在心里为自己留一方空间。毕竟听别人的秘密和说自己的秘密一样，都是要足够慎重的。

巧妙说NO，让对方不伤情面

幸福心理箴言 → 三毛

不要害怕拒绝他人，如果自己的理由出于正当。当一个人开口提出要求的时候，他的心里根本预备好了两种答案。所以，给他任何一个其中的答案，都是意料中的。

对于别人“百求百应”不是一个职场女性最智慧的做法，适当地拒绝别人会帮助我们减少许多困扰。须知就是精明如《红楼梦》里的探春，虽然性格开朗，极富社交能力，但是在抄检大观园时，探春是唯一一位敢于反抗，自己掌握主动权的人，便是凤姐一干人等也不敢对她造次。

因此，身在职场，我们要在必要的时候学会拒绝。懂得拒绝，实际上也是在明晰自己的界线，这样才能避免不必要的负担。

小彤每天的工作是接电话并安排技术人员给客户解决电话安装以及维修中出现的问题。但是每天她的大部分时间都要耗费在接打电话里解决那些冗长的问题上，结果手头的那份报告却一直搁置，找不到动笔的时间。

其实这些客户的问题有一些并没有那么紧急，但是她却把时间耗费在了这些问题上面，事无巨细，有求必应。可是这并没有给她带来成就感，因为有些问题并非她能够解决的，这样长期下来她反而感到说不出的挫败与沮丧。

就像小彤一样，如果不懂得拒绝别人，那么对方可能就会向我们提出越来越多的要求，于是这就暗示了别人可以随意突破我们的下限，从而挤占我们的时间和精力，导致自己的工作无法完成，让我们觉得心有余而力不足。这应该是很多职业女性会面临的共性问题。时间长了，我们就会成为办公室里的“便利贴女孩”。

为了应对这种窘境，我们需要将事情根据轻重缓急进行排序，接着集中精力去做优先的事情，其余事务可以暂时让位。也就是说，我们有拒绝接受其他任务的权利，这样可以保证我们的工作完成的质量。

假如我们要拒绝的是上司，相信我们大部分人都会有些犹豫，并有点儿不知所措。别急，下面给大家七条建议，让我们拒绝时还不伤对方情面。

第一，首先我们要认真听完对方的话，不要中途打断，这是给对方最基本的尊重。

第二，如果我们一时还无法决定是否接受安排，那么就明确告诉他，我们需要考虑之后给出答复，并且给出截止时间。

第三，我们拒绝的时候务必表明我们是认真考虑后拒绝的，否则对方会认为我们态度轻率。

第四，最好能讲明拒绝的理由，这样也可以避免伤害我们和对方原有的关系，当然有些时候我们也可以不讲明理由。

第五，拒绝的时候态度要保持温和，要感谢对方在这件事上优先考虑到了我们，但是态度要坚定，不要模棱两可。

第六，让对方明白我们是对事不对人，同时也可以给对方指出其他解决途径。

第七，拒绝时，不要请他人作为“中转站”，这样会显得我们懦弱且不够真诚。

对下属不要总摆“女强人”的姿态

幸福心理箴言 ⟶ 查尔斯·里德

一个女子最能使人心醉的迷人之处，莫过于在一个男子汉大丈夫的胸怀前表现出来的娇弱。

假如你是一位女领导，那么你是否听到过下属在背后的抱怨，比如：

“是挺有能力的，可就是每天一张冷若冰霜的脸。”

“虽然她很出色，但也不能把别人说得一无是处啊！”

“她是不是跟男人有仇啊，怎么从来不给我们男人好脸色呢？”

当这些怨言多了，我们就要注意反省：是不是自己平时“女强人”的架子摆得太多了？

女强人给人们的印象总是雷厉风行、当机立断，但是这并不意味着作为职业女性，我们就必须整日不苟言笑，处处苛求自己的下属。

须知这样做只会令我们在为自己“开疆拓土”的同时，一点点毁掉我们的基业与团队的即战力。毕竟一个“空头司令”“孤家寡人”，到最后也只会落得孤掌难鸣。

江雪在某公司担任部门经理一职，单位的同事送了她一个“冰山美人”的称号。这称号虽然听起来高贵动人，但是也暗示着她平日里的冷若冰霜。在她的理念中，管理者就应该给下属一种距离感，如果自己太平易近人，下属就会得寸进尺，这样自己这个上级的威严就荡然无存。尤其是对男下属，如果自己不够严厉，就很难保证不被他们欺负。

这样一来，她的干练确实令大家心服口服，然而她的霸道也让人颇有微词，以至于没有紧急事务时，几乎没人敢踏进她的办公室一步。

她的做事风格使得部门内部的业绩不升反降。为了调和江雪与部门员工的关系，上级给她派来了一位女副手——谦恭温和的明嘉。

明嘉试着去调和办公室里的这种氛围，但是每次都被江雪冷冰冰地挡了回去。江雪觉得明嘉是在用温柔收拢人心，自己的地位有点儿岌岌可危。

一次明嘉问江雪为什么当天要加班，江雪冷冷的一句话就噎了回去："没有为什么，我叫你们加班，你们就得加！"

几次过后，明嘉实在无法开展工作，便和上级反映了情况。知道这件事的江雪很生气，她问下属员工愿意跟她还是跟明嘉，结果，默不作声的下属们将目光一致投向了明嘉。

江雪知道大势已去，也只能选择离开公司。

一个真正成功的女领导并非总是用居高临下的姿态对待下属，也不是动辄就雷霆震怒来威慑下属，而是做到既不徇私情，也会灵活变通。职场中的纪律和职级固然重要，但是没有人希望职业女性将温柔全部埋葬在冷若冰霜的工作里。

聪明的女领导往往会表现得自信而不霸道，她们会尊重每一个下属，不会戴着有色眼镜去判断自己的下属。她们懂得包容，有着"和而不同"的宽广理念，容许职场规则以内的多元化。而且下属也期待得到上级的认同，作为女领导不要吝啬夸奖他们，要用肯定的话语激发下属的积极性。

其实女性领导者完全可以如黄炎培先生所说："和若春风，肃若秋霜，取象于钱，外圆内方。”也就是说，女人温婉谦和的态度和做派会备受下属的尊敬，而内心的坚定体现在行事的原则上，又会让我们不怒自威。以关怀的态度聚拢人心，在此基础上照章办事，何愁与下属之间的关系不能和谐呢？

看员工，请摘掉有色眼镜

幸福心理箴言——→罗曼·罗兰

我们只崇敬真理，自由的、无限的、不分国界的真理，毫无种族歧视或偏见的真理。

作为一个领导者，你的员工里会有许多出身各异的人，有的家境显赫，有的则是寒门之子。或者说，有的能说会道、很会做人，有的则内向本分、兢兢业业。请问你会公平对待这些员工吗？其实人极难去掉的就是分别心，这往往会使得我们在对待员工时不自觉地戴上有色眼镜，无法一碗水端平。

林肯在美国可谓是一个不朽的名字，但是他当年竞选总统的时候也因出身寒门而受到羞辱。

竞选前夕林肯在参议院演讲的时候，有一位参议员冷冷地说：“林肯先生，您开始演讲之前，我提醒您别忘了自己是一个鞋匠的儿子。”

此言一出，众人都沉默了，纷纷把目光投向林肯。

“非常感谢您的提醒让我想起我父亲，他已经去世多年了。”林肯不慌不忙地说。“不过我一定会记得您的忠告，我做总统确实永远不及我父亲做鞋匠那样出色。”话音落地，掌声四起。

“我听说我的父亲以前也为您的家人做过鞋子，假如现在您的鞋子不合脚，我可以帮您修改它，我虽不是一个伟大的鞋匠，却继承了父亲做鞋的技术。”

接下来，林肯转向所有人：“同样的，假如你们脚上的鞋子是我父亲做的，需要修整的话，我会尽全力帮忙。但是我父亲的伟大是我永远不能企及的，因为他的手艺确实无人能及。”说到这里，他不禁泪流满面，场内已是掌声雷动。

林肯以他卑微的出身而能跻身总统的高位，在看重门第的美国可谓是一个不小的震动，他唯一的资本便是自己出众的才华和力挽狂澜的信心。就是那一刻，那位高傲的议员也肃然起敬。最终林肯在竞选中胜出，并成为美国历史上一个不可磨灭的名字。

同样的，当我们站在领导的位置上俯视自己的下属时，他们中可能只有极少数人是幸运儿，有着令人艳羡的背景，而其余人中，也会有原本出身寒门，凭借自己的能力与才华一步一步攀登向上的人。而我们在看待他们的时候，是否能够不戴有色眼镜，一碗水端平呢？

作为领导，如果我们会对前者格外宽大，笑容可掬，工作上也会给他们开方便之门；而对后者则会严苛有加，近乎颐指气使，那么员工的心理自然会不平衡，前者容易恃宠而骄，而后者则容易心灰意冷地生起怨念而离开。这两种情况最后都只能为我们的团队埋下隐患，不利于增强凝聚力。

此外，作为领导，我们也不要因为我们的下属曾经反对过我们的意见便从此疏远，也不应因为他们和我们在性格方面不相投便加以冷落，故意和下属对着干以表明自己的权力则更是大忌。不论下属的出身高低贵贱，也不论员工的性情如何，一视同仁地对待他们是一个领导者应有的胸襟与气度。

通常，领导会有六种有色眼镜。如果你有其中的一种或几种，那么需要赶紧摘掉了。

第一，以差为好。下属可能有投机、欺骗的行为，结果蒙蔽我们，使我们将能力素质很差的人误当成精英。

第二，以好为差。对下属不够了解或者下属有意为之，使我们将原本富于才干的人误当成工作不够积极的人打入“冷宫”。

第三，一事定音。不综合看待下属，而是仅凭一件事便得出这个人是否可用的结论，往往导致以偏概全。

第四，以点带面。自己喜欢某一方面能力强的下属，于是恰逢某个下属在这方面深得我心，即使其他方面都不行，我们也会将他视为得力之人。

第五，墙外花香。下属总是人家的好。对待自己的下属，看到的几乎全是缺点不足，看别人的下属，几乎完美无瑕。

第六，求全责备。看下属的工作，习惯“鸡蛋里挑骨头”，找的全是缺点，对其优点和成绩视而不见。

批评下属，不妨试试“三明治批评法”

幸福心理箴言——→伯克

在各种艺术日臻完美的同时，批评艺术也在以同样的速度发展着。

虽然我们提倡做人要真诚直率，但是身在公众场合或职场，说话太直接并不一定能够达到最好的交流效果。在批评别人的时候，最好委婉、含蓄一些，毕竟没人愿意直面自己的缺点和不足。

小刘在外企担任公关部经理一职，由于工作性质的要求，公司对员工的着装打扮有严格的规定，规定上班必须穿正装。

有一次，新来的李小姐穿着一身休闲装进了公司。小刘出于工作要求需要批评她这样的穿着，但是开门见山容易引得对方不悦，于是小刘换了个婉转的说法："小李，你今天的发型真漂亮，不过我想如果配上职业装的话，应该会显得更加干练、有气质呢。"

你看，这简单的几句话，其实就是一个赞美——批评——赞美的过程。这样的效果要比直接训话有效得多，因为人们基本都喜欢听赞美的话，所以我们不如用它做成药引子，这样良药也可以不苦口，忠言也可以不逆耳。

培根曾经说过："交谈时的含蓄和得体，比口若悬河更加可贵。"对于那些令人难堪或是容易伤害别人的话语，应当尽量以委婉的方式进行表达，这样可以有效地避免无意的伤害，令交流更加顺畅地进行下去。

鲁迅有一个名叫川岛的日本学生，他花了很多时间在谈恋爱上。为了提醒他专注学习，鲁迅送给他一本书，书中写着这样一段话："请你从'情人的拥抱'里，暂时伸出一只手来，接受这干燥无味的《中国小说史略》……"

鲁迅并没有直接批评川岛或是劝说他不要沉迷于谈恋爱而浪费了宝贵的学习时间，而是以诙谐幽默的方式含蓄地进行提醒。没有激烈的情绪渲染，也没有锋芒毕露的指责，鲁迅的不动声色却是意味深长。当川岛看到这样的赠言，在会心一笑之余，想必一定会进行更加深刻的反思。

因此，作为女人，要懂得和“有话直说”相比，含蓄的语言更能触及心灵。毕竟，只有对方愿意聆听，我们说的话才有意义。倘若我们的“直话”伤害了对方，那么对方必然会关闭自己的心门，那时候我们说再多都不会起到一丝一毫的作用。

那么身在职场，如何批评下属才能起到应有的作用，还能让对方欣然接受呢？这里提倡用“三明治批评法”。

第一，批评前先肯定。我们对下属的肯定能够缓解下属的紧张与恐惧，这样也会避免接下来的批评使其产生对抗的情绪。

第二，注意保护对方的自尊和自信。批评下属有一条要领，就是不损害对方的自尊，比如，我们可以说“我以前也犯过这种错误”等话，这样下属不会觉得无地自容。

第三，以友好的态度收尾。批评下属结束的时候以友好的态度表明我们的期望，比如“我相信你一定会做得更出色”等，对方就会从我们的鼓励中汲取力量。

第四，批评要选择合适的场所。如果我们在公众场合批评下属，对方就会觉得颜面扫地，所以最好选择单独的场合，比如会议室、休息室、咖啡厅等。

心理小测试

上班路上的直觉反映你的职场应变力

职场是一个关系复杂的场所，要想处理好同事、领导及下属的关系，是需要智慧的。在日常工作中，处事能力显得非常重要，不但关系个人的发展，而且是维持好各方关系的关键。想知道你的职场处事能力如何吗？想的话，那就赶紧来做一做下面的这个小测试吧！

心理测试内容

在上班路上，你远远地看见前面围了一群人，但由于距离较远，你无法看清楚发生了什么事，你的直觉告诉你会是什么事呢？

A. 交通事故

B. 抓住小偷了

C. 路人打架

D. 商业活动

心理及测试解析

选项A：你的思维通常比较直观，属于循规蹈矩的类型，遇到问题会根据自己的逻辑来处理，但大部分时候，需要别人的帮忙才能更好地解决问题。因此你必须在职场处理好人际关系，这样当遇到困难的时候，才会有人及时给予你帮助。

选项B：说明你在职场会经常遇到一些问题或者小人，直接影响你的情绪和工作效率。当问题过于严重时，你会采取偏激的手法来解决，比如同别人发生争执，或者直接辞职，这显然不是好的解决办法。事实上，在遇到问题时，你应该想想问题的根源，想办法去解决，而不是一味地做出不合理的举动。

选项C：你虽然很精明、很善于观察别人，但属于聪明反被聪明误的类型，吃不了一点儿亏。当工作上遇到问题时，你很会把困难推给别人，时间久了，别人会觉得你特别有心计，因此当真正出现大问题时，很少会有人愿意站在你这边。

选项D：你为人乐观、开朗，经常抱着侥幸心理，对问题看法比较表面和肤浅。遇到问题通常会采取逃避的方式。因此你应该学会正视问题的根源，采取有效的方法来解决。

第八章

了解男人婚恋心理，猜透男人那点心思

男人虽说不似女人这般心思细腻，然而他们的心思也不会令我们一览无余。读懂男人的婚恋心理，做最懂男人的女人，相信真爱和幸福就会不请自来。

社交相亲，慧眼知心助你邂逅真爱

幸福心理箴言——→ 拜伦

要使婚姻长久，就需要克服自我中心意识。

虽然很多人依然向往来一次自由相遇的恋爱，但是如今相亲似乎已经成为一个热门话题，也有一些人希望在相亲中遇到真正心仪的对象。

相亲，从严格意义上来说，是与我们的人生大事挂钩的，容不得我们半点随意和将就。那么，想在相亲中鉴别对方是不是自己未来的白马王子，就需要我们擦亮一双慧眼去仔细观察对方的心迹。

相亲的男人如果抬头挺胸，就表明对方有自信，骨子里散发出一种高贵的气质，而且性格随和开朗，往往会给我们留下良好的第一印象。而弯腰含胸的男人则多半羞怯内向，或者情绪低落，此时我们不妨保持微笑，让对方放松一些，不必过分拘束。

如果相亲的男人双手插在口袋里，那可能是在思考一些问题，这样的男人一般比较有心计，不轻易流露自己内心的情绪。这时我们需要保持一定的谨慎。如果对方还有弯腰的情况，有可能心情不佳，也说明他比较内向、保守，对人过分警觉，有多疑的特点。那么相亲过程不要持续时间太长，给他留出自己疗伤的时间。

如果相亲的男人将手不断地从口袋里抽出又放回，这种人一般行事谨慎，灵活变通的能力会差一些，处事生硬而又易于反悔。如果对方左脚在前，左手插在口袋里，这种人喜欢安静的环境，而且温文尔雅的性格也会给他们赢得和谐的人际关系。但是如果有什么事触碰了他们的底线，他们也会瞬间打破自己温和敦厚的形象。

如果相亲的男人背手而立，则说明他们比较自负，喜欢控制别人，主观和顽固是他身上的主要缺点，导致他缺少耐心。面对这种男人，我们需要做的就是诚实、直爽，因为他们可没有耐性去猜心。如果相亲的男人双手交握在背后，表明他会极富责任感，乐于接受新事物，不会僵化保守。但是我们要做好这种人有时情绪不稳定的准备。

如果相亲的男人双手叠放在胸前，这样的人刚强中有着叛逆的个性，在困难面前不会轻易认输。保护自己对他们来说是情理之中的事情，他们甚至会做出一些具有攻击性的行为。他们会极具创造力，勇于创新，但在人际关系方面，由于自我保护太明显，往往拒人于千里之外。如果相亲的男人双手紧握在胸前，则他们多半十分自信，胸有成竹，但是不会高傲自大。

此外，如果相亲的男人双手叉腰，则他们属于在内心处于优势地位的人，不会对他人过分介意。手托下巴的男人属于性格坚强的工作狂，但内心实际上有些多愁善感，我们要试着让他放松下来。而双手十指相扣放在腹前的男人，多半争强好胜，热衷于在人前表现自己，不过因为难以容人，人缘会很差。不断变换站姿的男人多半内心焦躁，身心时常处于紧绷状态，这种人多半是行动主义者。

浪漫约会，男女相处用好“试金石”

幸福心理箴言——→莎士比亚

爱情不是花荫下的甜言，不是桃花源中的蜜语，不是轻绵的眼泪，更不是死硬的强迫，爱情是建立在共同语言的基础上的。

男女双方发展到恋爱这一步，彼此无疑还需要一段时间的深入了解，才能确定能否缔结良缘。这个过程中，两人的约会显然是不可缺少的考察机会，也是检验两人究竟是否情投意合的“试金石”。

已过而立之年的华小姐同样也在频繁的相亲中寻觅未来携手白头的伴侣，她的要求并不苛刻，只希望两人情投意合，安于尘世的烟火生活就好了。

她与其他人相亲有一点不同，就是对于有感觉的男性，即使对方没有兴趣，她也要单独再约对方一次。从约会中，可以全方位观察这位男性，然后决定是否要主动追求。

那么，女人要如何用好约会这块“试金石”，从哪些方面来观察男人的言行举止呢？

首先，看他约会是否准时。假如对方是一个很有时间观念的人，那么他一定会提前研究一下路线，计算出时间冗余量，包括不小心走错路的时间也会计算在内。倘若临时有事耽搁，他也会打电话向我们解释原因。这样的人一般责任感很强。

他如果在等约会的女孩到来的时候来回踱步，意味着内心焦躁和缺少耐性，可能他本来不想约会，也可能他是个十分重视承诺的人。如果他仅原地不动发信息或者打电话，那就意味着他并不介意为对方多等一会儿。女性也可以用迟到来试探对方，不过守时还是会为你赢得更多的尊重。

其次，看他是否会照顾人。毕竟结婚之后女人需要男人的体贴和照顾。这些可以通过约会中的细节看出来，比如当我们进门的时候，他是否会为我们开门、挪动椅子，点菜的时候他是否会从我们的表情中留意到我们喜欢吃某个菜，他是否会留心记下我们的看法，等等。

即便再粗心的男人，当他真心爱一个女人的时候也会变得心细如发丝。毕竟男人讨女人喜欢也是为了得到心爱的女人的关注，假如他注意不到什么细节，那可能是对这个女人没什么兴趣，或者只不过是为了找一个结婚对象而已。

再次，看他的自我关注度。如果约会过程中他不断调整自己的外表或仪态，每说一句话都格外小心谨慎，像个生怕做错事的孩子一样，我们可以断定对方不仅是完美主义者，而且还不够自信。如果对方喜欢开门见山、直奔主题，那说明这个人自信满满，胸有成竹。但是前者未必懦弱，后者则可能喜欢控制他人的一切，这还是要看两个人的性格是否合适才能决定。

最后，倘若这个人流露出焦急的神态，那我们要仔细分析一下原因。比如说他目光扑朔迷离，仿佛在走神，谈话时抓不住我们的思路，频频看表或者手机，这个时候我们可以尝试转换一下话题，聊点他感兴趣的东西，假如情况并未好转，可以考虑结束约会。

当然他也有可能正好有一些重要的事情很费神，或者是压力过大，这种情况下也会不耐烦。如果彼此很熟，我们不妨了解原因并给一些建议，如果相识不久，那就表现得大度一些，让他先忙自己手头的事，相信我们的宽容也会让他对我们的好感倍增。

偶尔拌嘴为爱情增添新鲜养分

幸福心理箴言——→歌德

真正的志同道合者不可能长久地争吵，他们总会重新言好的。

很多时候我们都羡慕别人的爱情是那么美满，两个人举案齐眉、相濡以沫，终其一生不曾红过脸。这样的例子确实有，然而概率却是微乎其微的。我们大多数人，依旧要在婚姻的柴米油盐中为了生活琐碎而拌嘴。

虽然拌嘴的频率太高会危及两个人的感情，但是在爱情中偶尔拌拌嘴可以打破生活日复一日的单调沉寂，借此机会给这段感情注入新鲜的活力。

《红楼梦》中贾宝玉和林黛玉的爱情就是在拌嘴中升温的。宝黛二人可谓金风玉露相逢，情深义重，却也有斗嘴之时。甚至有一次黛玉误以为宝玉将她亲手做的香包送给了下人，拿起剪子就剪了手中正在做的香包。即便如此，也不妨碍两人心心相印。

史湘云有一次劝贾宝玉求取功名，用心仕途，此言惹得他大为不悦，袭人从旁劝解，贾宝玉驳道："要是林姑娘也说这些混账话，我早和她生分了。"

事实上，大多数人都是在彼此的拌嘴中为婚姻增加了情趣，平添了活力，并逐渐了解和体谅对方的。如薛仁明先生回忆他的父母，早年因为性格不合，饮食口味又总是南北差异明显，偶尔发生冲突便不可避免。如今两人已到人生的黄昏时刻，年纪的增长也让二老在岁月里完成了彼此的融合，但彼此嘲弄、斗嘴依然是常事，只是从来不会真正伤了和气。

确实，如果两个人的生活太过平静，日久也会心生厌倦。小小的拌一下嘴，不但不会伤婚姻的元气，相反如同投石于水，会漾开一圈圈动人的涟漪。

其实，早在《诗经·齐风·鸡鸣》里就有夫妻二人拌嘴的描写，读来颇为有趣。

古代鸡鸣时分男人就要上朝，妻子听见雄鸡报晓，急忙催身边的丈夫："公鸡已经打鸣了，上朝的人肯定都到了。"

丈夫迷迷糊糊地翻个身："这不是公鸡叫，是苍蝇嗡嗡唱呢。"这是狡辩第一回合。

"你看天都已经蒙蒙亮了，朝堂里恐怕都门庭若市了。"丈夫依旧搪塞，第二回合的狡辩："这哪里是东方亮了，是那天上明月光。且听虫子唱夜曲，我们相依入梦乡。"

这回妻子真是气恼了："上朝的官员都快散了吧，你这样岂不是叫人笑话！"

短短一首诗，仅靠对话就已经将夫妻二人拌嘴的情态写得活灵活现，却并不叫人感到烦恼沉重，从中折射出夫妻感情的深厚与两人相伴时光的情趣盎然。这并不比那些相敬如宾的夫妻差到哪里去。

从家庭本身来说，为什么夫妻两个人需要拌嘴呢？

在家庭中，我们虽然提倡宽容和相互理解，但它们也并非万能的灵丹妙药。可能在讲道理起不到作用时，用拌嘴的方式反而会很奏效。

夫妻二人是一种相互依存的关系，一方强一方弱，时间长了不利于夫妻关系的平衡，容易滋生抱怨。适当地拌嘴，让彼此说出各自心里的想法，反而会促进问题的解决。

我们的容忍并非没有底线，而有时拌嘴实际上是在向对方表明自己容忍的下限，以免对方突破我们的底线。

家庭不同于社会，是人心灵栖息的港湾，是一个可以让人宣泄负面情绪的地方。在职场上的疲惫和委屈，有时候回到家里彼此斗嘴发泄一下，也是一个心灵排毒的过程。相反的，长时间不拌嘴的夫妻，并非他们婚姻美满，而是时间久了对婚姻产生了倦怠，这样反而会造成危机的蛰伏。

若即若离的神秘感，距离保持恒久的美感

幸福心理箴言——→纪伯伦

不过在你们合一之中，要有间隙。让天风在你们中间舞荡。彼此相爱，却不要锻造爱的系链：只让它在你们灵魂的海岸之间，做流动的大海。

我们总认为两个最亲近的人应该是亲密无间的，实则并不尽然。两个人每时每刻都待在一起，日久天长的亲密渐渐也会生出审美疲劳来，所以会有“小别胜新婚”一说。故而不论恋人还是夫妻，都需要“亲密有间”，彼此保持一丝若即若离的神秘感，才不致日久生厌。

其实就像我们熟知的那个寓言：在寒冬里两只刺猬相依取暖反

而被彼此的刺扎得鲜血淋漓，倒是调整了距离之后既抵御了寒冷又不会伤到彼此。男人与女人之间的关系亦如此。

距离太近，两个人的缺陷就会暴露在彼此的视线里，也许只是日常生活的琐碎，显出了“都不过是凡人”的本色。时间长了便会厌倦，于是种种矛盾开始出现。而保持一定的距离感，并非不爱，而是为了在彼此之间延续出经久的美感，赋予感情不断创造、更新的活力。

说到这里，可能有些女性会问：“那我应该如何做才能保持合适的距离呢？”

第一，让我们的爱意含蓄一点。记得不要对男人说“我有多爱你”。男人一旦知道我们对他的感情，便会洋洋自得。因此，女人永远不要让男人知道我们有多爱他，否则他会因此而自大。

第二，一天一遍电话就够了。男人特别反感又无奈的是女人的追魂夺命连环电话。试想，男人每天工作正繁忙之时，不断打电话追问，虽然是关心的表现，然而换谁都会不胜其烦。

第三，爱不意味着无休止的迁就。两人相爱，不意味着就要丢掉自己的尊严，他有他的底线，你有你的原则，最好的状态其实是彼此都不越界。相爱时，记得要保有自己的主见，如果我们一味迁就对方，没有了底线和原则，就会变得没有神秘感可言了。

第四，给对方一个念想。留一点自己的隐私和秘密，保存几分神秘感。让对方对我们存在幻想，是聪明女人都懂得的感情升温诀窍。倘若能短暂分离一段时间，给自己留一个冷静审视的空间，反而会牵起男人对过往许多温存的怀想。悬而不落，牵动心念，这正是在感情里保持神秘感的关键。

第五，对方不是我们生命的全部。如果女人的生活全部被对方的影子所占据，那么就会没有了自己的世界，最后只会被对方厌弃，而我们又早已经疏远了自己的社交关系，到那时可就真的形单影只了。聪明的女人不会用这种办法来拴住另一半的心，相反保持自己独立的魅力才会让男人更爱自己。

第六，神秘感需要不断更新。这里的神秘感不只是外在的装扮，更是内在的修养与学识。女人如果只是做花瓶，男人早晚会厌倦；而如果女人时刻在思想上保持独立，不断丰富自己的知识，就会令男人对我们更多一层尊重与爱慕。这就意味着我们的修养和学识需要不断更新、与时俱进。

总问他为什么，男人就会渐行渐远

幸福心理箴言——→莫洛亚

一个偶然的机缘，一盼，一言，会显示出灵魂与性格的相投。一种可喜的强制，或一种坚决的意志更使这初生的同情逐渐长成以至确定。我们可以达到心心相印的地步的相契，胜于在精神上与外人相契的程度，可远过于骨肉至亲。

虽然每个人在成长的过程中都会问无数个“为什么”，但是在感情中，如果女人经常问对方“为什么”，那就未必是件好事了。

有些时候，我们问出的一些问题可能让对方难以回答，但是我们偏偏要追问个水落石出，这样未免会强人所难。毕竟对方如果不回答，肯定也有难以言说的苦衷。而聪明的女人一般会更贴心，当对方面有难色的时候，她们便会善解人意地克制自己追问的好奇，而不会苦苦逼问，以免弄得双方尴尬不已。

小吴自己经营着一家服装店，丈夫是一家公司的老板，两个人的生活可谓幸福美满，彼此并无猜忌和嫌隙。对于丈夫的事情，小吴也从不过问和干预，毕竟她还是很信任丈夫的。

结婚十周年纪念日那天，她早早收工回家准备了一桌丰盛的菜肴，等着丈夫回来共进浪漫的烛光晚餐。

但是直到十二点多丈夫才带着一身的酒气回来，小吴心中十分好奇：丈夫干啥去了，这可不是他平时的风格啊？但是她没有直接发问。

“老婆，我知道今天是个特殊的日子，但我实在是心情糟糕……”

“没事，咱们明年再过也是一样的。”小吴猜到丈夫应该是遇到了什么难过的事情，决定等他自己慢慢说。

“老婆，你能不能先借我五十万……”这可是个不小的数目。小吴经营服装店所有的积蓄正好有五十万。但丈夫生性要强，向来没向她开口提过钱的事，会如此必然是遇到难关了。

“当然可以了，夫妻俩还这么见外。”小吴爽快地答应了，丈夫闻听此言，一把抱住了她。

一周之后，丈夫把一张银行卡还给她："谢谢老婆，现在这些钱我是'如数归还'了。"她很自然地接过来，丈夫忍不住问："你也不问问我借钱干什么去了？"

"我相信你当时一定是有了难处，不然也不会向我开口的，你看你今天不是又还回来了吗？"

"看来咱们俩彼此都找对人了。是这样，前几天公司副总拿着公司的钱跑路了，我到处找人借钱，最后就差五十万没筹到，所以想到你了……"

小吴可谓是个善解人意的女人，在丈夫提出借钱的要求时，她根据多年来对丈夫的了解，并没有追问钱的用途，而是爽快应允。试想那天晚上如果她多问一个"为什么"，恐怕夫妻之间就会有一种说不清道不明的隔阂了。男人在事业上出现问题多半是不愿意告诉妻子的，毕竟他还希望自己在家庭里是一个顶梁柱的形象，不想以失败者的形象示人。所以女人此时不停追问只会让自己和他的心疏远。

然而，在现实生活中，许多女人往往喜欢追着男人问为什么，大有"打破砂锅问到底"的气势。事实上，遇到难处，男人既然不愿讲，必有苦衷。那么倒不妨试着尊重他一回，保持温柔的缄默才是最好的应对方式。

既然如此，那我们有必要了解一下哪些是男人不愿意回答的话题以及女人忌讳问或不要追问的时刻。

第一，男人曾经的恋情。很多时候，过往的恋情于男人来说是心里的一道暗伤，而我们女人没有必要去揭开那道伤疤，触动他的隐痛。

第二，男人求助的时候。当男人偶尔身体不适而没有明说，让女人为他端茶倒水时，女人会心中不快：为什么不自己动手呢？实际上他身体正在受着疲惫或者疾病的折磨，之所以没有明说是怕女人担心。而且一般情况下，男人为了尊严和责任，很难主动开口求助女人。因此，这时候作为女人，我们只要温柔地递上一杯水就好，不要再去追问，否则就真的显得不贴心了。

第三，男人事业上不顺利的时候。比如，男人迟迟不能升职加薪，有的女人会沉不住气。因为有些女人将自己的所有都寄托在男人的身上，为了满足自己的虚荣心，她们会不时给丈夫施压。事实上，要求男人上进是件好事，但是如果总是施加压力给男人就会适得其反。

尊重隐私，少些猜忌，爱情才不会窒息

幸福心理箴言——→苏霍姆林斯基

对人的热情，对人的信任，形象点说，是爱抚、温存的翅膀赖以飞翔的空气。

从心理学的角度说，女人在感情中过于感性，缺少安全感，这是许多女人在婚后开始猜疑丈夫的原因。一个女人披上浪漫的婚纱与丈夫携手步入婚姻殿堂的那一刻，未尝不是带着“愿得一心人，白首不相离”的期许，愿与对方白头偕老。在婚后，她们会小心翼翼地维护着这个属于自己的爱巢，生怕不小心“鸠占鹊巢”。

我们可以理解这种心理，但是这并不意味着在情感里女人要像个侦探一样，处处刺探男人的一切行踪，从而让男人感觉身处牢

笼，时刻都想着逃离女人的身边。

其实女人的多疑、猜忌看似是在维系这个家庭，很多时候效果却是适得其反的。

小峰与小月本是大学同学，毕业后他们俩也顺理成章地经历了许多人羡慕的“从校服到婚纱”的甜蜜历程。婚后小峰一心想为小月赢得更好的生活条件，便拿出自己的积蓄自主创业。从此，小峰将心思全部放在了事业的打拼上，每日里忙得几乎与小月说不上几句话。

慢慢地，小月开始觉得孤单寂寞，而且很不理解小峰所做的一切。她总是问小峰：“你每天都和谁在一起呀？”小峰由于忙碌和疲惫，便随口说了几个人，希望这个话题就此结束。

小月却觉得小峰含糊其辞，一定有什么不可告人的秘密。于是有一天趁小峰不在家的时候，她悄悄打开了书房里小峰的保险柜，竟发现里面有一瓶男士香水。这让她怒火中烧：肯定是哪个女人送给他的！

晚上，待小峰一进门，小月便质问他：“说吧，在外面哪个狐狸精看上你了？”

“你这是什么意思？”

“别演戏了，那瓶香水谁送给你的？”

“你动我保险柜了？”小峰脸色顿时变了。

“没错，香水是哪个女人送的？”

“你懂不懂什么叫隐私？”小峰气得早已经没了解释的心情，夹起一沓公文资料去了另一个房间。

他俩从那以后更加沉默了。五年后，虽然小峰事业有成，两人之间并无第三者插足，但他和小月的婚姻仍然走到了尽头。

离婚的当天，小峰告诉小月，当年那瓶香水其实不过是一位同事出国时带给自己的纪念品而已。

也许小月翻看丈夫的保险柜，不过是一时好奇而已，但是此举轻易就能打破夫妻之间应有的信任感，从而成为情感破裂的开始。

说到这里，可能很多女人会说：“现在这个社会，男人在外面遇到的诱惑太多，我们防不胜防啊。这么做只是想维护自己的家庭而已。”

其实，聪明的女人即使不用这种办法来拴住男人，也无人可以取代她在男人心目中的位置。因为她会以成熟的心态、豁达的气度来理解丈夫，在婚姻中她理所当然有着充足的自信，而不担心会有他人入侵。

比如，丈夫的单位来了一位新同事，恰巧是他的前女友。当丈夫将这件事对我们坦白讲出之后，我们大可不必介意，还可以与他的前女友成为好朋友。让彼此的关系明朗起来，那么便大可不必因担心两人旧情复燃而惴惴不安了。

因为这样一来，他和前女友的联系已经转变性质，成为两个家庭之间的联系。而两个家庭在一起的时候，其实希望呈现给对方的是自己的家庭远比对方幸福的状态，在无形之中会加强各自家庭内部的联系，产生强大的家庭凝聚力，这远比忧心忡忡地提防对方要明智得多。

而且，丈夫在平日的交往中不可避免地会有异性朋友，遇到这种情况，成熟女人的做法往往是以细腻的心思去关怀丈夫，这种理解和包容在无形之中恰恰是在丈夫情感的天平上施加的巨大筹码。

再比如，如果我们知道丈夫与前女友之间至今还有所联系，那么可以装作不经意地问一句："你那位朋友最近怎么样，有什么消息吗？"倘若丈夫坦白对我们道来，那大可放心，还可开玩笑地问一句："她问候我了没有？"这样既不露痕迹，又可以避免在此种问题上演化成尴尬的场面，何乐而不为呢？

如果丈夫并没有对我们隐瞒和前女友之间的联系，那么我们的多疑其实并没有必要。而且我们也不必为前女友是否单身之类的事情而烦恼，因为我们与丈夫的关系并非由其他女性的婚姻状况来决定。更何况每个人都有权利保有自己心灵的一方空间，男女都如此，毕竟每个人都有值得自己怀想的东西。如果因此给自己招来许多烦恼，也非明智之举。

正因为女人对男人有了这份理解和信任，两人的感情才能更加坚固，其他女性自然难以取代我们在家里和丈夫心中的位置。相反，胡乱猜忌只能将彼此的关系一步步推向深渊，相信这并非我们希望看到的结果。

聪明的女人懂得给男人留面子

幸福心理箴言 ——> 卡耐基

人与人之间需要一种平衡，就像大自然需要平衡一样。不尊重别人感情的人，最终只会引起别人的讨厌和憎恨。

一对恋人从相识到相知，再到牵手成功，通常需要很长一段时间。相处得时间久了，难免会发现对方身上的某些缺点，令人产生不完美的感觉。如果直接指出恋人的某一缺点，难免会伤害恋人的自尊和面子，让其难以接受，久而久之两人的感情就会亮红灯。

小伟所在的公司由于经营不善，效益下滑，欠了他半年的工资，于是他在经济上难免拮据一点。

有一次，小伟的朋友来家里玩，赶上他要去学校接孩子。他刚把电动车推出来，妻子小颖就叫他："怎么不开车去？"

"路又不远，用不着开车。"

"你有车不开，是供着吗？"

"我就是不愿意开车。"

"还不是连加油的钱都没有了！"

小伟被噎得满脸通红，朋友见状连忙转移话题，才不了了之。

不久，小伟跳槽到其他公司，入职不久便完成一个大项目，家中亲友得知消息，决定聚餐为他庆祝。结果饭桌上小颖说："他这个人还是我逼着他才跳的槽呢！"

朋友在场，连忙说："能完成这么重要的项目，下一步升职加薪也是指日可待了。"

小颖又插话："得了吧，还不是我托人找了关系，他才完成这个项目的！至于升职加薪，别人升了也轮不到他。"

小伟终于忍无可忍："不说话没人拿你当哑巴！"小颖见状，索性一气之下拂袖而去。

如此半年过后，这对结婚十几年的夫妻还是分道扬镳了。

相反的，有个故事里的妻了却是很聪明地为丈夫挽回了面子。

丈夫在家为了让妻子高兴，自制一个纸牌挂在脖子上，上写三个大字“怕太太”，每天回家就把牌子带上。这天家里来客人，不巧他忘了取下牌子，客人见了大吃一惊，纷纷追问缘由。

此时妻子推门进来，正好看见先生窘得面红耳赤不知如何应对，便开口说：“我先生同我闹着玩儿，写了‘太太怕’三个字挂在脖子上威胁我，想让我怕他！”丈夫闻听此言，心里的一块石头落了地，给妻子送去一个赞许的目光。众人不知内情，也纷纷赞叹不已。

虽然只是一个故事，但是不得不说这位妻子是明智的，她聪明地帮助丈夫在众人面前解了围，并不拆穿丈夫的谎言，而是留给他十足的面子。甚至客人走后，丈夫在家里天天对妻子言听计从恐怕也是心甘情愿的吧？

作为女人，要充分考虑另一半的感受，适当地帮他留住面子，毕竟男人也有男人的尊严。而失去尊严的男人，他的心态有可能会变得极端扭曲，无所顾忌，这样下去无论对家庭还是对社会都是一种不幸。

那么，我们应该从哪些方面来给男人留够面子呢？

第一，不要在朋友面前暴露他的隐私，即使是以开玩笑的方式也不行。一旦日后朋友拿着他的隐私来取笑他，就会变得很尴尬。

第二，在别人面前不要总是唠叨或训斥他。在他的上下级面前这样做，会让他觉得低人一等。而在孩子面前更是大忌，父母互相揭短，只能在孩子面前失去威信。

第三，在公共场合不要挑他的错。假如他在细节或礼仪上有所疏忽，我们不要当众指出他的错误，悄悄打个圆场就好，后续的事情回家再说。

第四，在适当的范围内宽容他的错误。人非圣贤，孰能无过？如果他的错误并不触及原则底线，大可一笑而过。当我们满足他作为男人的面子和虚荣心时，他会觉得自己的女人更善解人意。

第五，适当地给他一点财政大权。毕竟男人在外应酬是经常的事，既然他把收入上交给我们管理，那么我们也不能让他总是囊中羞涩，否则别人也会认为他不够大方。

第六，去单位大闹是大忌。有事尽量两个人私下里解决，闹到单位去会让他脸上无光，我们的一时痛快会将他逼上绝路，以至于即便最终分开也不会对我们留一丝好念想。

第七，尊重隐私，不要总是“盘查”。男人有异性朋友很正常，不要因此而翻看他的信息、微信、QQ等，那样男人会觉得自己如同被审查的罪犯，觉得颜面无光。假若他有一两件事隐瞒了我们，也可能是怕我们多疑、吃醋，因此，只要他不犯原则性错误，我们不妨睁一只眼闭一只眼，夫妻感情反而会更长久。

小心别让“刀子嘴”割了你的婚姻

幸福心理箴言——老舍

我们最好的思想，最深厚的感情，只能被最美妙的语言表达出来。

人们常常用“刀子嘴豆腐心”来形容那些出言过于直率让人觉得颇为不快的女人，当然我们知道这类女人是在用一种别样的方式来表达自己的善意和关心。但是这种不得法的表达方式往往会将她们善良的心意打了折扣，尤其是在感情生活中，更容易损伤两个人之间的幸福。

曾经他俩也是令众人羡慕的和谐恩爱的小夫妻，但是在婚后慢慢也出现一些不和谐的音符来：他的老实本分会被妻子视为懦弱窝

囊，对于她的刻薄话，他一般是左耳进右耳出。

但是，如今可能是妻子更年期快到了，很多话越来越不中听。一次他做饭不小心切着了手指，妻子过来一边细心帮他处理伤口，一边“刀子嘴”又来了：“你看你怎么笨得跟个猪似的，切个菜都切不好，活该切到手指。”此时这话从他耳朵里进去，心里的世界顿时漫天飞雪。

“刀子嘴”的女人说出的话伤人于无形，那么即便一个女人的心再如豆腐一般柔软也无法弥合给对方造成的伤害。这种女人一般心直口快，疏于考虑别人的感受，一股脑儿地将话倒完，但是往往低估了给对方带来的伤害。

首先，对方因为在我们这里得不到认可会沮丧到心灰意冷。如果我们否定男人的成绩，即便他做得再好，我们也认为是他分内之事，一旦他做错，我们又少不了一顿挖苦和责骂，长此以往，即便他有再多的热情也会被这些冷水浇熄的。

其次，因为我们缺少赞美，对方也会难过。通常，“刀子嘴，豆腐心”的人一般要求他人极为苛刻，比较吝啬赞美。如果这样对待男人，会使对方产生一种不被爱的错觉。在爱情中又何必吝啬一句赞美呢？

最后，对方觉得总是被打击，矛盾自然会产生。“刀子嘴”式的说教只是让女人过了嘴瘾，而对方会觉得总是生活在我们的批评和打击之下，日久天长，再温和的男人也会感觉压抑。积压已久之后，一旦导火索被点燃，就会爆发诸多矛盾，这对于维持婚姻生活的和谐极为不利。

说到这里，可能很多女人会说："我也不想伤害对方啊，可是为什么就会控制不住地脱口而出呢？"

其实"刀子嘴，豆腐心"有一部分是性格因素，也有一部分和现实原因脱不了干系。我们可能对生活有着强烈的不满，觉得现状与自己期待的相去甚远，于是心中不免有委屈的情绪在潜滋暗长。同时也可能是作为女人，我们有一种改造对方的强烈欲望，希望对方完全符合自己心目中预定的标准。在现状暂时没有得到改善，我们的诉求和期待没有得到迎合，对方又总是不能猜透我们内心世界的时候，我们的怒气就会通过言语发泄出来，顷刻间变成一把把锋利的刀子，刀刀直指对方的内心，实际上这时它已经不受我们善意的控制了，最终两人的感情会因它而变得千疮百孔。

鉴于此，如果想改善这种情况，一定要学会换位思考，了解对方的感受，并且适应或者改变目前的处境，接纳对方在情感中的样子，这才是比较适宜的出路。

心理小测试

10道题测出你的婚姻有无问题

健康美满的婚姻，关系着彼此的需要是否得到满足、是否相互支持和鼓励、是否有良好的沟通、是否有个人的自由、是否符合预期的希望等。可以说，每一个女人都希望自己的婚姻生活是美满幸福的，都希望与对方白头偕老。那么，你的婚姻容易出现问题吗？测试一下就知道答案了。

心理测试内容

1. 对自己在婚姻或爱情中的表现（满分10分的话），你给自己打几分呢？

（1）10分→2

（2）6分→4

（3）不及格→3

2. 你对婚姻的期待都是比较美好的吗？

（1）是的→4

（2）不是→3

（3）大部分是的→6

3. 你会因为对未来的未知而害怕吗？

（1）是的→4

（2）偶尔会→5

（3）不会→7

4. 你和另一半最经常争吵的问题是什么呢？

（1）家庭琐碎→6

（2）异性方面的问题→7

（3）经济问题→8

5. 到目前为止，你对自己的爱情和婚姻还是比较满意的吗？

（1）是的→6

（2）不是→8

（3）渐入佳境→7

6. 你会和自己的闺蜜、朋友讲另一半或恋人的缺点吗？

（1）是的→9

（2）不是→7

（3）一般不会，得视情况而定→10

7. 另一半夸过你很懂事吗？

（1）是的→8

（2）经常夸→9

（3）没有→10

8. 你会因为自己的朋友拥有什么样的待遇而要求自己的另一半或恋人也向你提供吗？

（1）一般不会→9

（2）是的→C

（3）不会→10

9. 你对另一半或者恋人的信赖程度是百分百的吗？

（1）是的，这是应当的→A

（2）不是，还比较迷茫→D

（3）不一定→10

10. 你对自己的婚姻或者恋爱最满意的地方是什么呢？

（1）感情基础不错→D

（2）两个人都比较坦率→B

（3）没有什么经济困难→C

心理及性格解析

A. 没有婚姻问题

你和自己的另一半关系非常好，并不会出现什么问题，并且也不会由于外因而影响两人的关系，婚姻关系堪称完美。如果还在恋爱、正准备进入婚姻，大可以放心期待美好的婚姻生活。

B. 两人沟通不良

通常你比较不喜欢解释，因此你和另一半之间也会产生很多不必要的小矛盾。这样的状态会影响你和另一半之间的和谐关系，所以希望你尽量有什么事情都说出来。

C. 经济是基础问题

你会因为经济上的紧张而频频向另一半或者恋人发难。已婚的人会因为想要更好的物质生活而与另一半就经济问题进行不太恰当的沟通，从而严重影响两人之间的感情，有嫌弃对方的可能。而未婚的人则会因为害怕未来物质生活得不到保障而引发两人矛盾。

D. 两人的感情受冲击

经历了感情的美好阶段，此时两人感情正处于关系转变阶段，两人感情转淡。所以你要学会适应这样的阶段并且不要以为对方变心了，否则对方很容易真的变心哦。

幸福女人必知的八大心理学效应

心理学涉及我们生活的方方面面，而本书所介绍的不过是其中微乎其微的一部分，虽然未必能够做到“窥斑知豹”，却希望能够尽量为读者呈现“冰山一角”。

这里选取了八个有代表性的、能让女人更幸福的心理学效应，希望读者可以在阅读本书的过程中，举一反三，并能够灵活运用这些方法、技巧，从而真正提升自己的幸福感。

心理学效应一：亲和效应

亲和效应的主要含义是：人们在交际应酬中，往往会因为彼此之间存在着某种共同之处或者相似之处，从而感到相互之间更加容易接近。这种接近会使双方萌生亲密感，进而促使双方进一步相互接近、相互体谅。亲和效应一般体现在两个方面：

人们在人际交往中往往存在一种倾向，即对于自己较为亲近的对象会更加乐于接近，比如，有共同的血缘、地缘、学缘或者业缘关系，有相似的志向、兴趣、爱好、利益，或者是彼此共处于同一团体或同一组织的人。我们通常把这些较为亲近的对象称为“自己人”。

将这个效应运用到女人社交处世方面，也是十分奏效的。一个女人如果想要让身边的同学和朋友把自己当成“自己人”，就要懂得与他人的相处之道。主动让别人对自己产生好感，认同并喜欢自己，就需要拿出“亲和力”。只有这样的人才会把周围的人吸引到自己身边来，才会让别人认同自己，把我们当成“自己人”。

心理学效应二：霍桑效应

在美国的芝加哥郊外有一家霍桑工厂，该工厂主要制造电话交换机。工厂有较为完善的娱乐设施、医疗制度和养老金制度等。即便如此，工人们仍然愤愤不平，所以生产状况很不理想。后来，心理学专家专门对这些工人进行了一项试验，即用两年时间，专家找工人进行个别谈话，前后一共进行了两万余人次的谈话。专家在谈话过程中，耐心倾听工人对厂方的各种意见和不满，并及时安抚他们的负面情绪。这一谈话试验收到了意想不到的效果：霍桑工厂的产值大幅度提高。这就是霍桑效应的来源。

其实，在朋友相处时或者身在职场中，甚至在两性相处时，也完全可以借鉴一下霍桑效应。作为女人，一定要尽量挤出时间同对方谈心，且在谈论的过程中，一定要耐心地引导对方尽情地说，诉说心中的困惑，说出内心的不满。这样我们才能形成正确的社交观，而不是唯我独尊地独断专行。

同时，霍桑效应还告诉我们，当自己或身边人受到公众的关注或注视时，效率就会大大增加。因此，我们在日常生活中要学会与他人友好相处，明白什么样的行为才是别人所接受和赞赏的，我们只有在生活和学习中不断地增加自己的良好行为，才可能受到更多人的关注和赞赏！

心理学效应三：巴纳姆效应

认识自己，心理学上叫自我知觉，是一个人了解自己的过程。在这个过程中，人更容易受到来自外界信息的暗示，从而出现自我知觉的偏差，从而以一种笼统的、一般性的人格描述十分准确地揭示自己的缺点。这就是巴纳姆效应。

因此，女人要想让自己变得更幸福，一定要避免巴纳姆效应。客观真实地认识自己，可以通过以下四种途径。

第一，勇敢地面对自己。正确看待自己的优缺点，不自欺欺人，切莫以己之短比人之长，或以己之长比人之短。认识了解自己，从容面对自己的一切。不要觉得自己有“缺陷”就要把“缺陷”用某种方式掩盖起来，这样只是自己骗了自己。

第二，培养自己收集信息的能力和敏锐的判断力。判断力是一种在收集信息的基础上进行决策的能力，信息对于判断的支持作用不容忽视，没有收集相当数量的信息，很难做出明智的决断。因此，没有人天生就拥有明智和审慎的判断力，所以需要我们主动去培养自己这种能力。

第三，要善于总结。通过重大事件，特别是重大的成功和失败来认识自己。重大事件中获得的经验和教训可以提供了解自己的个性、能力的信息，从中发现自己的长处和不足。越是在成功的巅峰和失败的低谷，越容易暴露自己的真实性格。

第四，以人为镜，通过与自己身边的人在各方面的比较来认识自己。在比较的时候，对象的选择至关重要。要根据自己的实际情况，选择条件相当的人来进行比较，找出自己在群体中的合适位置，这样认识自己才会相对客观。

心理学效应四：南风效应

南风效应也称“温暖法则”，源于法国作家拉·封丹写过的一则寓言：

北风和南风谁也不服谁，于是商量比威力，看谁能将行人身上的大衣脱掉。北风吹得寒冷刺骨，结果行人为了抵御北风的侵袭，将大衣裹得更紧。轮到南风时，南风的做法截然相反，只徐徐吹动，行人觉得春暖上身，于是开始解开纽扣，继而脱掉大衣，最终南风获得了胜利。

南风之所以顺利让人脱下外衣，是因为它顺应了人的内在需要。这种因启发自我反省、满足自我需要而产生的心理反应，就是南风效应。

通过南风效应，女性朋友应该能从中学到点什么，那就是身在职场，要求女性对自己的下属要尊重，多点“人情味”，注意听取和解决下属日常工作、生活中的实际困难，使下属真正感受到上司给予的温暖。这样，下属就会因为感激而更加努力工作。

心理学效应五：“酸葡萄”心理和“甜柠檬”心理

“酸葡萄”心理是指自己得不到的东西就说是“酸”的，是不好的，这种方法可以缓解我们的一些压力。比如，别人有一样好东西，自己没有，自己很想要，但实际上自己不可能得到。这时不妨利用“酸葡萄”心理，在心中努力找到那样东西不好的地方，说那样东西的“坏话”，克服自己不合理的需求。

“甜柠檬”心理是指人在追求预期目标而失败时，为了冲淡自己内心的不安，就百般提高现已实现的目标价值，从而达到心理平衡的现象。每个人都有自己的优点，都有自己的优势，每个人也都有自己的特点，千万不要轻易说自己不好，不如别人，不妨学会接纳自己，逐渐增强自信。

心理学效应六：晕轮效应

晕轮效应，亦称光环效应。它指人们看问题时，像日晕一样，由一个中心点逐步向外扩散成越来越大的圆圈，是一种在突出特征这一晕轮或光环的影响下而产生的以点代面，以偏概全的社会心理效应。

我们日常生活中对他人的知觉大多数都受着这种效应的影响。由于它使得人们仅仅根据人的某一突出特点去评价、认识和对待人，如某人一次表现好，就认为他一切皆优，犯了一次错误，就说他一贯表现差等。所以，晕轮效应是一种把我们引入知觉误区的常见的社会心理效应。

在对人的外表特征的知觉中，如对人的容貌的识记，晕轮效应具有一定的积极作用，为我们提供了一定的方便。晕轮效应的消极作用往往在判断一个人的道德品质或性格特征时表现得最为明显。它妨碍我们去全面地观察、评价人，使我们不能从消极品质突出的人身上发现其积极的品质和优点，也不能在积极品质突出的人身上看到其缺点和不足，对人做出“一无是处”或“完美无缺”的评价。事实上，在现实生活中，一无是处和完美无缺的人都是不存在的。所以，晕轮效应其危害是一叶障目，不见泰山。以点代面，以偏概全，容易影响对人的评价的准确性和可信度。

认识和掌握这一社会心理效应，有助于我们克服看待别人的偏见，也有利于我们了解别人产生偏见的原因。这一点，对职场的领导者和管理者尤为重要。

心理学效应七：跷跷板效应

玩过跷跷板的人都知道，两个人分别坐在跷跷板的两端，我们用力一压，对方就翘起来；对方再用力向下压，我们就可以翘起来。翘起来处在上方的感觉是兴奋的，如果游戏的双方都自私不肯向下压，那么游戏就不能继续下去。只有当双方都不停地轮流向下压，才能交替的享受游戏的乐趣。这就是跷跷板效应。

人与人之间的互动，就如坐跷跷板一样，任何关心、帮助和友好等都是一个相互的过程。帮助别人，给予别人，表面上看是一种失去，但在给予中，我们也能从对方那里得到，从而达到互惠互利。一个永远不吃亏，不愿让步的人，即便真讨到了不少好处，也不会快乐。因为，自私的人如同坐在一个静止的跷跷板顶端，虽然维持了高高在上的优势位置，但整个人际互动却失去了应有的乐趣，对自己或对方都是一种遗憾。

心理学效应八：增减效应

人们都喜欢那些对自己的喜欢程度不断增加的人，而不喜欢那些对自己的喜欢程度不断减少的人，心理学家将人际交往中的这种现象称为“增减效应”。

在日常生活中，我们都会被商家所采用的增减效应蒙蔽。比如，有一些销售员在给顾客称货物时总是先抓一小堆放在称盘里，再一点点地添入，而不是先抓一大堆放在称盘里再一点点地拿出。

我们在与人沟通时，难免将对方的缺点和优点都要诉说一番，并常常采用“先褒后贬”的方法。其实，这是非常不利于良好关系养成的方法。在评价别人时，我们不妨效仿运用一下“增减效应”，比如先说对方一些无关紧要的小毛病，然后再适当地给予一番赞扬。